职业教育计算机平面设计专业系列教材

Illustrator CC 平面图形设计

主　编　张　宇　徐　慧
副主编　王明皓　李　雪　林　松
参　编　田莉莉　宋颖月　杨　雁　刘　璐　戴　娜

机　械　工　业　出　版　社

本书根据实际教学经验以及各个高校学生的反馈，摒弃了传统的、大段文字理论的模式，采用先实例后基础的讲解模式进行讲解，首先让读者通过实例作品的完成逐渐产生兴趣和成就感，然后再辅以步骤操作式的基础内容讲解，从而使读者迅速掌握 Illustrator CC。

全书共 11 章，按照平面设计工作的实际需求组织内容，基础知识以实用、够用为原则。内容包括 Illustrator CC 基础操作，基本绘图工具，对象的选取、编辑与管理，填充与描边图形对象，钢笔与路径，文本处理，图层、动作和蒙版，符号、图表和样式，应用效果和滤镜，画册设计和 DM 单设计，在讲解理论知识后，还安排了针对性的项目练习，以供读者练习。

全书结构合理、语句通俗易懂、图文并茂、易教易学，适合作为高等职业院校计算机平面设计及相关专业的教材，也适合作为广大影视制作爱好者的参考书。

本书配有电子课件及配套素材、教学视频，选用本书作为教材的教师可登录机械工业出版社教育服务网（www.cmpedu.com）免费注册后下载，或联系编辑（010-88379194）咨询。

图书在版编目（CIP）数据

Illustrator CC平面图形设计 / 张宇，徐慧主编. — 北京：机械工业出版社，2020.6（2024.1 重印）
职业教育计算机平面设计专业系列教材
ISBN 978-7-111-64871-0

Ⅰ.①I… Ⅱ.①张… ②徐… Ⅲ.①图形软件－高等职业教育－教材 Ⅳ.①TP391.412

中国版本图书馆CIP数据核字(2020)第033652号

机械工业出版社（北京市百万庄大街22号　邮政编码100037）
策划编辑：李绍坤　责任编辑：李绍坤
责任校对：张　薇　封面设计：马精明
责任印制：常天培
固安县铭成印刷有限公司印刷
2024年1月第1版第6次印刷
184mm×260mm・17印张・341千字
标准书号：ISBN 978-7-111-64871-0
定价：55.00元

电话服务　　　　　　　　网络服务
客服电话：010-88361066　机　工　官　网：www.cmpbook.com
　　　　　010-88379833　机　工　官　博：weibo.com/cmp1952
　　　　　010-68326294　金　书　网：www.golden-book.com
封底无防伪标均为盗版　　机工教育服务网：www.cmpedu.com

PREFACE 前言

Adobe Illustrator是一种应用于出版、多媒体和在线图像的工业标准矢量插画软件，作为一款非常优秀的图片处理工具，Adobe Illustrator广泛应用于印刷出版、专业插画、多媒体图像处理和互联网页面的制作等领域，也可以为线稿提供较高的精度和控制，适合小型生产设计到大型的复杂项目。

设计类行业是近十年来逐步发展起来的新兴复合性行业，涉及面非常广泛且发展极为迅速。随着Illustrator版本的不断提高，使用Illustrator设计作品的人越来越多，现已广泛应用于商业环境艺术设计、商业展示设计、商业广告设计、包装结构与装潢设计、服装设计、工业产品设计、商业插画、标志设计、企业CI设计、网页设计、城市规划、园林设计、影视公司、网络游戏公司等众多领域。

全书共11章，按照平面设计工作的实际需求组织内容，基础知识以实用、够用为原则。主要内容包括Illustrator CC基础操作，基本绘图工具，对象的选取、编辑与管理，填充与描边图形对象，钢笔与路径，文本处理，图层、动作和蒙版，符号、图表和样式，应用效果和滤镜，画册设计和DM单设计。

本书面向Illustrator CC的初、中级用户，采用由浅入深、循序渐进的讲述方式，内容丰富，结构安排合理，实例来自实际工作。此外，本书包含了大量的自主练习，使读者在学习完一章内容后能够及时检查学习情况。

为便于阅读理解，本书对一些表示形式做出如下规定：

本书中出现的中文菜单和命令采用用加""的形式，以示区分。此外，为了使语句简洁易懂，本书中所有的菜单和命令之间以→分隔。例如，单击"编辑"菜单，再选择"移动"命令，就用"编辑"→"移动"来表示。用加号(+)连接的两个或三个键表示组合键，在操作时表示同时按下这两个或三个键。例如，<Ctrl+V>是指在按<Ctrl>键的同时按<V>字母键；<Ctrl+Alt+F10>是指在按<Ctrl>和<Alt>键的同时，按<F10>功能键。

在没有特殊指定时，单击、双击和拖动是指用鼠标左键单击、双击和拖动，右击是指用鼠标右键单击。

本书由张宇和徐慧担任主编，王明皓、李雪和林松担任副主编，参加编写的还有田莉莉、宋颖月、杨雁、刘璐和戴娜。

由于编者水平有限，书中错误和疏漏之处在所难免，希望广大读者批评指正。

编　者

CONTENTS 目录

前 言

第1章 Illustrator CC基础操作 1
1.1 Illustrator学习者的就业前景和发展历程..3
1.2 Illustrator应用领域...5
1.3 软件的安装与卸载...7
1.4 Illustrator CC的启动与退出...11
1.5 新建和打开文件..12
1.6 保存文件..14
1.7 图形编辑的基本概念..16
1.8 图像的显示比例..19
1.9 置入和导出文件..21
1.10 对象对齐和分布...23
1.11 对象编组...25
1.12 Illustrator常用快捷键...27

第2章 基本绘图工具 33
2.1 夏季的星空..35
2.2 卡通奖牌..38
2.3 礼物贺卡..40
2.4 微商平面海报..44

第3章 对象的选取、编辑与管理 49
3.1 月夜美景..51
3.2 水果促销宣传..53
3.3 儿童乐园..59
3.4 新春海报..64

第4章 填充与描边图形对象 71
4.1 单色填充 73
4.2 文化用品 77
4.3 "描边"面板 80
4.4 坐椅 83
4.5 气球生日贺卡 91
4.6 盆花 97

第5章 钢笔与路径 103
5.1 热气球 105
5.2 圣诞蜡烛 111
5.3 物流公司Logo 119

第6章 文本处理 125
6.1 金属质感文字 127
6.2 粉笔文字 132
6.3 情人节海报 135
6.4 招聘广告 142
6.5 工作证 148

第7章 图层、动作和蒙版 155
7.1 卡通度假插画 157
7.2 卡通风景插画 161
7.3 儿童相框 165
7.4 卡通鲸鱼 169

第8章 符号、图表和样式 173
8.1 新建符号 175
8.2 置入符号 178

8.3　图表——家电销售柱状分析图 182
8.4　制作书签 189

第9章　应用效果和滤镜 205
9.1　旅游攻略画册内页 207
9.2　水墨画 209
9.3　凸出主角 211
9.4　3D立体字 214

第10章　画册设计 223
10.1　旅游攻略画册内页 225
10.2　商务公司画册内页 232

第11章　DM单设计 245
11.1　婚纱摄影DM单 247
11.2　江都世纪酒店DM单 256

第1章　Illustrator CC基础操作

【本章导读】

基础知识
- ◆ Illustrator CC的启动与退出
- ◆ Illustrator应用领域

重点知识
- ◆ Illustrator的新建和打开文件
- ◆ Illustrator的置入和导出文件

提高知识
- ◆ Illustrator图像的显示比例
- ◆ Illustrator对象对齐和分布及对象编组

Illustrator CC是由Adobe公司开发的一款专业的矢量绘图软件，具有丰富的工具、控制面板和菜单命令等。在本章中将介绍如何启动与退出Illustrator CC，以及文件的新建、打开、保存、图像的创建和调整等基础知识。通过学习对该软件的一些基本操作，使我们在制作与设计作品中，可以知道如何下手，在哪些方面开始切入正题。

1.1 Illustrator学习者的就业前景和发展历程

随着Illustrator版本的不断提高，越来越多的人都使用Illustrator设计作品，本节将介绍Illustrator学习者的就业前景和发展历程。

1.1.1 Illustrator学习者的就业前景

设计类行业是近十年来逐步发展起来的新兴复合性行业，涉及面非常广泛且发展极为迅速。它涵盖的职业范畴包括：商业环境艺术设计、商业展示设计、商业广告设计、包装结构与装潢设计、服装设计、工业产品设计、商业插画、标志设计、企业CI设计、网页设计、城市规划、园林设计、影视公司、网络游戏公司等。

设计类的工作稳定性很高，在建筑业、环境艺术设计、商业展示设计、装潢设计、商业广告设计等领域发展极其兴旺，大量职位虚位以待。设计类中非常重要的一个软件就是Illustrator。在设计过程中，Illustrator起了非常重要的作用。想要成为一名优秀的平面设计师，Illustrator是必须熟练掌握的一个软件。

1.1.2 Illustrator发展历程

Adobe Illustrator是Adobe系统公司推出的基于矢量的图形制作软件。最初是1986年为苹果公司计算机设计开发的，1987年1月发布，在此之前它只是Adobe内部的字体开发和PostScript编辑软件。

1987年，Adobe公司推出了Adobe Illustrator 1.1版本，其特征是包含一张录像带，内容是Adobe创始人约翰·沃尔诺克对软件特征的宣传，之后的一个版本称为88版，因为发行时间是1988年。

1988年，发布Adobe Illustrator 1.9.5日文版，这个时期的Illustrator给人的印象只是一个描图的工具。画面显示也不是很好。不过，令人欣喜的是它擅长曲线工具。

1988年，在Windows平台上推出了Adobe Illustrator 2.0版本。Illustrator真正起步是在1988年，Mac上推出了Illustrator 88版本。该版本是Illustrator的第一个视窗系统版本，但很不成功。

1989年，在Mac上升级到Adobe Illustrator 3.0版本，并在1991年移植到了UNIX平台上。

1990年发布，Adobe Illustrator 3.2日文版，从这个版本开始，文字终于可以转化为曲线了，它被广泛应用于Logo设计。

1992年，发布了最早出现在PC平台上运行的Adobe Illustrator 4.0版本，该版本也是最早的日文移植版本。该版本中Illustrator第一次支持预览模式，由于该版本使用了Dan Clark的Anti-alias（抗锯齿）显示引擎，使得一直是锯齿的矢量图形在图形显示上有了质的飞跃。同时又在界面上做了重大的改革，风格和Photoshop极为相似，所以对于Adobe的老用户来说相当容易上手。

1992年，发布Adobe Illustrator 5.0版本，该版本中西文的TrueType文字可以曲线化，日文汉字却不行，后期添加了Adobe Dimensions 2.0J特性弥补了这一缺陷，可以通过它来转曲。

1993年，发布Adobe Illustrator 5.0日文版，Macintosh附带系统盘内的日文TrueType字体实现转曲功能。

1994年，发布Adobe Illustrator 5.5版本，加强了文字编辑的功能，显示出它的强大魅力。

1996年，发布Adobe Illustrator 6.0版本，该版本在路径编辑上作了一些改变，主要是为了和Photoshop统一，但导致一些用户的不满，一直拒绝升级，Illustrator同时也开始支持TrueType字体，从而引发了PostScript Type 1和TrueType之间的"字体大战"。

1997年，推出Adobe Illustrator 7.0版本，同时在Mac和Windows平台推出，使麦金塔和视窗两个平台实现了相同功能，设计师们开始向Illustrator靠拢，新功能有"变形面板""对齐面板""形状工具"等，完善的PostScript页面描述语言使得页面中的文字和图形的质量再次得到了飞跃，更凭借着它和Photoshop良好的互换性，赢得了很好的声誉，唯一遗憾的是7.0版本对中文的支持差。

1998年，发布Adobe Illustrator 8.0版本，该版本的新功能有"动态混合""笔刷""渐变网络"等，这个版本运行稳定，时隔多年仍有广大用户使用。

2000年，发布Adobe Illustrator 9.0版本。

2001年，发布Adobe Illustrator 10.0版本，该版本是Mac OS 9上能运行的最高版

本，主要新功能有"封套"（Envelope）、"符号"（Symble）、"切片"等功能。"切片"功能可以将图形分割成小GIF文件和JPEG文件，明显是出于对网络图像的支持。

2002年，发布Adobe Illustrator CS版本。2003年，发布Adobe Illustrator CS2版本。

2007年，发布Adobe Illustrator CS3版本，新版本新增的功能有"动态色彩面板"以及与Flash的整合等。另外，新增加裁剪、橡皮擦工具。

2008年9月，发布Adobe Illustrator CS4版本，新版本新增斑点画笔工具、渐变透明效果、椭圆渐变，支持多个画板、显示渐变、面板内外观编辑、色盲人士工作区，多页输出、分色预览、出血支持以及用于Web、视频和移动的多个画板。

2010年，发布Adobe Illustrator CS5版本，软件可以在透视中实现精准的绘图、创建宽度可变的描边、使用逼真的画笔上色，充分利用与新的Adobe CS Live在线服务的集成。

2012年发行Adobe Illustrator CS6版本，软件包括新的Adobe Mercury Performance System，该系统具有Mac OS和Windows的本地64位支持，可执行打开、保存和导出大文件以及预览复杂设计等任务。

2013年发布Illustrator CC版本。Adobe Illustrator CC主要的改变包括：触控文字工具、以影像为笔刷、字体搜寻、同步设定、多个档案位置、CSS摘取、同步色彩、区域和点状文字转换、用笔刷自动制作角位的样式和创作时自由转换。

1.2 Illustrator应用领域

Illustrator广泛应用于广告平面设计、CI策划、网页设计、插图创作、产品包装设计、商标设计等领域。下面简单介绍Illustrator在这几方面的应用。

1. 广告平面设计

在广告平面设计中，Illustrator起到非常重要的作用，无论是人们正在阅读的图书封面，还是大街上看到的招帖、海报，这些具有丰富图像的平面印刷品的设计与制作，都需要Illustrator的参与，如图1-1所示。

2. CI策划

Illustrator在CI设计领域应用广泛。CI，也称CIS，是英文Corporate Identity System的缩写，目前一般译为"企业视觉形象识别系统"。CI设计，即有关企业视觉形象识别的设计，包括企业名称、标志、标准字体、色彩、象征图案、标语、吉祥物等方面的设计。运用Illustrator设计出的作品能够满足高品质的CI设计要求，如图1-2所示。

3. 网页设计

随着互联网技术的发展，各种企业和机构在网络上的竞争也日趋激烈，为了吸引眼球，企业和机构都想方设法地在网站的形象上来包装自己，以使自己在同行业的竞争中脱颖而出。Illustrator在网页设计中主要辅助设计Logo、网标以及视觉上的排版，如图1-3所示。

4. 插图创作

在现代设计领域中，插画设计可以说是最具有表现意味的，插画是运用图案的表现形式，本着审美与实用相统一的原则，尽量使线条、形态清晰明快，制作方便。绘画插图多少带有作者主观意识，它具有自由表现的个性，无论是幻想的、夸张的、幽默的、情绪化的还是象征化的情绪，都能自由表现处理，使用Illustrator可以运用分割、直线与色彩的反复创造出平面与单纯化的效果，如图1-4所示。

图1-1　海报

图1-2　企业标志

图1-3　移动新业务网页设计

图1-4　卡通插图

5.产品包装设计

产品包装设计即指选用合适的包装材料,针对产品本身的特性以及受众的喜好等相关因素,运用巧妙的工艺制作手段,为产品进行的容器结构造型和包装的美化装饰设计。在出版、图像处理上有很强的精度和控制能力,图像转换中可以转换成可编辑的矢量图案,使设计师在应用的过程中得心应手。颜色取样上非常精确,这样在整个设计中,对于客户提出的高要求的色差,就能够轻易满足,如图1-5所示。

图1-5 食品包装月饼

1.3 软件的安装与卸载

在安装与使用Illustrator CC之前,首先要了解Illustrator CC对系统的基本要求。Illustrator CC简体中文版对系统的最低要如下:

Windows:

1)处理器:Intel Pentium 4或AMD Athlon 64。

2)操作系统:Windows XP(带有Service Pack 3)或者Windows Vista(带有Service Pack 1)或Windows 7、Windows 8。

3)内存:4GB以上。

4)硬盘:20GB可用硬盘空间用于安装;安装过程中需要额外的可用空间(无法安装在基于闪存的可移动存储设备上)。

5)显卡:1024×768屏幕(推荐1280×800),16位。

1.3.1 Illustrator CC的安装

1)将Illustrator CC的安装光盘放入光盘驱动器,系统会自动运行Illustrator CC的安装程序。首先屏幕中会弹出一个安装初始化对话框,如图1-6所示,这个过程大约需要几分钟。

2)Illustrator CC的安装程序会自动弹出一个欢迎安装界面,单击"安装"或"试用"按钮,如图1-7所示。

图1-6 初始化对话框

图1-7 欢迎安装界面

3）随后弹出Illustrator CC授权协议窗口，单击Illustrator CC授权协议窗口右下角的"接受"按钮，如图1-8所示。

4）在该对话框中的"序列号"空格中填入序列号进行安装，如果用户没有序列号，也可以单击序列号选项下方的试用版本，并选择语言，然后单击"下一步"按钮，如图1-9所示。

图1-8 接受软件许可协议

图1-9 填写序列号

5）此时会弹出Illustrator CC的安装路径，安装过程需要创建一个文件夹，用来存放Illustrator CC安装的全部内容。如果用户希望将Illustrator CC安装到默认的文件夹中，则直接单击"安装"按钮即可，如果想要更改安装路径，则可以单击"安装位置"右边的"更改"按钮，在磁盘列表中选择需要安装的磁盘，然后单击"确定"按钮，如图1-10所示。

6）用户选择好安装的路径之后，单击"安装"按钮，开始安装Illustrator CC软件，如图1-11所示。

7）Illustrator CC安装完成后，会显示一个安装完成窗口，如图1-12所示。

8）单击"完成"按钮，完成Illustrator CC的安装。软件安装结束后，Illustrator CC会自动在Windows程序组中添加一个Illustrator CC的快捷方式，如图1-13所示。

第1章　Illustrator CC基础操作

图1-10　安装路径　　　　　　　　图1-11　安装进程

图1-12　安装完成界面

图1-13　Illustrator CC快捷方式

1.3.2　Illustrator CC的卸载

下面介绍一种卸载Illustrator CC的方法，步骤如下：

1）选择"开始"→"控制面板"命令，打开"控制面板"对话框，在该对话框中单击"卸载程序"，如图1-14所示。

2）打开"程序和功能"对话框，在该对话框中选择Adobe Illustrator CC，单击"卸载"按钮，也可以在Adobe Illustrator CC上单击鼠标右键，在弹出的快捷菜单中选择"卸载"命令，如图1-15所示。

3）选择命令后，弹出"卸载选项"对话框，在该对话框中单击"卸载"按钮，如图1-16所示。

4）单击"卸载"按钮后弹出"卸载"对话框，出现卸载进度条，如图1-17所示。

图1-14 单击"卸载程序"

图1-15 选择"卸载"命令

图1-16 "卸载选项"对话框　　　　　　图1-17 "卸载"对话框

5）卸载完成后弹出"卸载完成"对话框，在该对话框中单击"关闭"按钮即可将Adobe Illustrator CC软件卸载，如图1-18所示。

图1-18 "卸载完成"对话框

1.4　Illustrator CC的启动与退出

本节将讲解如何启动与退出Illustrator CC。

1）双击桌面上的Illustrator CC快捷方式，就可以进入Illustrator CC的工作界面，如图1-19所示，这样程序就启动完成了。

2）退出程序可以单击Illustrator CC 2017工作界面右上角的 ✕ 按钮关闭程序，也可以选择"文件"→"退出"命令退出程序，如图1-20所示。

图1-19 Illustrator CC的工作界面　　　　图1-20 选择"退出"命令

1.5 新建和打开文件

在菜单栏中选择"文件"→"新建"命令（或按<Ctrl+N>组合键），弹出"新建文档"对话框，如图1-21所示。在该对话栏中可以查看"最近使用项"和"已保护"的文件，用户还可以在"移动设备""Web""打印""胶片和视频"和"图稿和插图"选项中任意选择一种类型，设置完成后单击"创建"按钮，即可新建一个空白文件。

图1-21 "新建文档"对话框

在"新建文档"对话框中也可以在"预览详细信息"区域单击最下面的"更多设置"选项，弹出"更多设置"对话框，如图1-22所示。

"名称"：在"名称"文本框中可以输入文件的名称，也可以使用默认的文件名称。创建文件后，文件名称会显示在文档窗口的标题栏中。在保存文件时，文档的名称也会自动显示在存储文件的对话框中。

"配置文件|大小"：在"配置文件"下拉列表中可以选择创建不同输出类型的文档配置文件，每一个配置文件都预先设置了大小、颜色模式、单位、取向、透明度以及分辨率等参数。选择"Web"选项，可以创建Web优化文件，如图1-22所示。

选择"移动设备"选项，可以为特定移动设备创建预设的文件。选择"视频和胶片"，可以创建特定于视频和特定于胶片的预设的裁剪区域大小文件。选择"图稿和插图"选项，可以使用默认的文档大小画板，并提供各种其他大小以便于择优选择，如图1-23所示。如果准备将文档发送给多种类型的媒体，应该选择该选项。在"配置文件"下拉列表中选择一个配置文件后，可以在"大小"选项下拉列表中选择各种预设的打印大小。

图1-22 选择"Web"配置文件

图1-23 选择"图稿和插图"配置文件

"画板数量"：用户可以通过该选项设置画板的数量。

"宽度|高度|单位|取向"：可以输入文档的宽度、高度和单位，以创建自定义大小的文档。单击"取向"选项中的按钮，可以切换文档的方向。

"高级"：单击"高级"选项前面的按钮图标可以显示扩展的选项，包括"颜色模式""栅格效果"和"预览模式"。在"颜色模式"选项中可以为文档指定颜色模式，在"栅格效果"选项中可以为文档的栅格效果指定分辨率，在"预览模式"选项中可以为文档设置默认的预览模式。

"模板"：单击该按钮，弹出"从模板新建"对话框，在该对话框中选择一个模板，从该模板创建文档。

在菜单栏中选择"文件"→"打开"命令（或按<Ctrl+O>组合键），在"打开"对话框中，选中一个文件后，可以在"文件类型"的下拉列表中选择一种特定的文件格式，默认状态下为"所有格式"，选中文件类型后单击"打开"按钮即可将该文件打开，如图1-24所示。

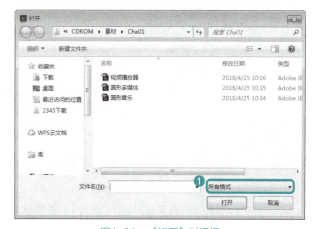
图1-24 "打开"对话框

> **提示**
> ▶ 选择"文件"→"最近打开的文档"命令,可以查看用户最近在Illustrator CC中打开的10个文件,单击一个文件的名称即可快速打开该文件。

1.6 保存文件

新建文件或者对文件进行了处理后,需要及时地将文件保存,以免因断电或者死机等原因造成所制作的文件丢失。在Illustrator CC中可以使用不同的命令保存文件,包括"存储""存储为""签入"和"存储为模板"等,下面就向大家介绍Illustrator CC中保存文件的命令。

1.6.1 "存储"命令

在菜单栏中选择"文件"→"存储"命令(或按<Ctrl+S>组合键),即可将文件以原有格式进行存储。如果当前保存的文件是新建的文档,则在菜单栏中选择"文件"→"存储"命令时,会弹出"存储为"对话框。

1.6.2 "存储为"命令

在菜单栏中选择"文件"→"存储为"命令,弹出"存储为"对话框,如图1-25所示。可以将当前文件保存为其他名称和格式,或者将其存储到其他位置,设置好选项后,单击"保存"按钮即可存储文件。

"文件名":在该文本框中输入保存文件的名称,默认情况下显示为当前文件的名称,在此处可以修改文件的名称。

"保存类型":在该选项的下拉列表中可以选择文件保存的格式,包括AI、PDF、

EPS、AIT、SVG和SVGZ等。

图1-25 "储存为"对话框

1.6.3 "存储副本"命令

在菜单栏中选择"文件"→"存储副本"命令，可以基于当前文件保存一个同样的副本，副本文件名称的后面会添加"复制"两个字。例如，当用户不想保存对当前文件所做出的修改时，可以通过该命令创建文件的副本，再将当前文件关闭即可。

1.6.4 "存储为模板…"命令

在菜单栏中选择"文件"→"存储为模板…"命令，可以将当前文件保存为一个模板文件。在菜单栏中选择该命令时将弹出"存储为"对话框，在对话框中选择文件的保存位置，输入文件名，然后单击"保存"按钮可保存文件。Illustrator会将文件存储为AIT格式。

1.6.5 "存储选中的切片"命令

在菜单栏中选择"文件"→"存储选中的切片"命令，弹出"将优化结果存储为"

对话框，它的保存类型仅限图像，如图1-26所示，在该对话框中可以设置文件的保存位置，输入文件名，单击"保存"按钮，即可保存文件。

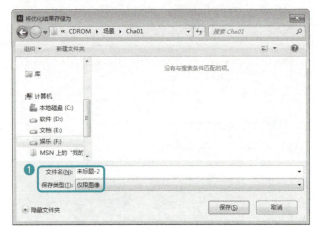

图1-26 "将优化结果存储为"对话框

1.7 图形编辑的基本概念

计算机中的图形和图像是以数字的方式记录、处理和存储的。按照用途可以将它们分为两大类：一类是位图图像，另一类是矢量图像。Illustrator是典型的矢量图形软件，但它也可以处理位图。下面就向大家介绍位图与矢量图的特点和区别。

1.7.1 位图与矢量图

位图在技术上被称为栅格图像，它最基本的单位是像素。像素呈方块状，因此，位图是由许许多多的小方块组成的。如果想要观察像素，则可以使用 （缩放工具）在位图上连续单击，将位图放大至最大的缩放级别。位图图像的特点是可以表现色彩的变化和颜色的细微过渡，从而产生逼真的效果，并且可以很容易地交换使用在不同的软件之间。使用数码相机拍摄的照片、通过扫描仪扫描的图片等都属于位图，如图1-27所示，最典型的位图处理软件就是Photoshop。

在保存位图图像时，系统需要记录每一个像素的位置和颜色值，因此，位图所占用的存储空间比较大。另外，由于受到分辨率的制约，位图图像包含固定的像素数量，在对其进行旋转或者缩放时，很容易产生锯齿。位图与局部放大后所看到图像边缘的锯齿变化，如图1-28所示。

图1-27　位图　　　　　　　图1-28　位图与局部放大后的位图

> **提示**
> ▶ 分辨率指每单位长度内所包含的像素数量，一般常以"像素/英寸"为单位。单位长度内像素数量越大，分辨率越高，图像的输出品质也就越好。

矢量图是由被称为矢量的数学对象定义的直线和曲线构成的，它最基本的单位是锚点和路径。人们平常所见到和使用的矢量图像作品是由矢量软件创建的，如图1-29所示。典型的矢量软件除了Illustrator之外，还有CorelDRAW、AutoCAD等。

矢量图像与分辨率无关，它最大的优点是占用的存储空间较小，并且可以任意旋转和缩放却不会影响图像的清晰度。对于将在各种输出媒体中所使用的不同大小的图稿，例如，Logo、图标等，矢量图形是最佳选择。矢量图形的缺点是无法表示（如照片等）位图图像所能够呈现的丰富的颜色变化以及细腻的色调过渡效果。矢量图局部放大后所显示出的清晰线条效果，如图1-30所示。

图1-29　矢量图　　　　　　图1-30　局部放大后的矢量图

Illustrator CC的主要功能就是对矢量图形进行制作和编辑，而且能够对位图进行处理，也支持矢量图与位图之间的相互转换。

1.7.2 分辨率

分辨率是度量位图图像内数据量多少的一个参数，例如，每英寸像素数（PPI）或每英寸点数（DPI），也可以表示图形的长度和宽度，例如，1024×768等。分辨率越高，图像越清晰，表现细节更丰富，但包含的数据越多，文件也就越大。分辨率的种类很多，其含义也各不相同，其中有一类就是设备分辨率。在比图像本身的分辨低的输出设备上显示或打印位图图像时也会降低其外观品质。因为，位图有分辨率的问题，所以放大时就不可避免地会出现边缘锯齿和图像马赛克的问题。

矢量图形是与分辨率无关的，这意味着它们可以显示在各种分辨率的输出设备上，而丝毫不影响品质。但实际操作中，为了显示或打印矢量图形，往往要将矢量图形转换为位图，这时分辨率将影响显示或打印矢量图形的清晰度。低分辨率图像通常采用72dpi，也就意味着最终用途为显示器显示或低标准印刷。高分辨率图像的最终用途为彩色印刷，所以其分辨率至少应达到250dpi，若是高质量印刷应该考虑达到300dpi以上。

1.7.3 颜色模式

颜色模式决定了用于显示和打印所处理的图稿的颜色方法。颜色模式基于颜色模型，因此，选择某种特定的颜色模式就等于选用了某种特定的颜色模型。常用的颜色模式有RGB模式、CMYK模式和灰度模式等。

颜色模型用数值描述了在数字图像中看到和用到的各种颜色。因此，在处理图像的颜色时，实际上是在调整文件中的数值。在"拾色器"对话框中包含了RGB、CMYK和HSB三种颜色模型，如图1-31所示。

在RGB模式下，每种RGB成分都可以使用从0（黑色）～255（白色）的值。当三种成分值相等时，可以产生灰色，如图1-32所示。当所有成分值均为255时，可以得到纯白色，如图1-33所示。当所有成分值均为0时，可以得到纯黑色，如图1-34所示。

在CMYK模式下，每种油墨可使用从0～100%的值。低油墨百分比更接近白色，如图1-35所示。高油墨百分比更接近黑色，如图1-36所示。CMYK模式是一种印刷模式，如果文件要用于印刷，则应使用此模式。

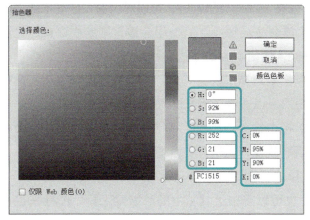 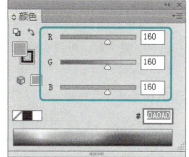

图1-31 三种颜色模型　　　　　　图1-32 灰色

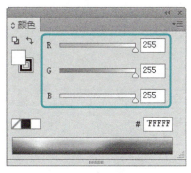 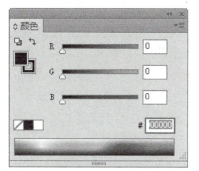

图1-33 纯白色　　　　　　图1-34 纯黑色

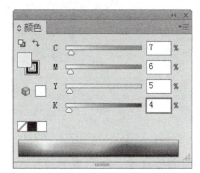 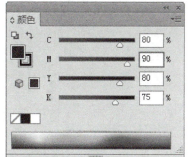

图1-35 低油墨百分比　　　　　　图1-36 高油墨百分比

1.8　图像的显示比例

在Illustrator中的"视图"菜单中提供了多个用于调整视图显示比例的命令，包括"放大""缩小""画板适合窗口大小""全部适合窗口大小"和"实际大小"等。

"放大→缩小"："放大"命令和"缩小"命令与"缩放工具"的作用相同。在菜单栏中选择"视图"→"放大"命令或按<Ctrl+>组合键，可以放大窗口的显示比例。在菜单栏中选择"视图"→"缩小"菜单命令或按<Ctrl->组合键，则缩小窗口的显示比例。当窗口达到了最大或最小放大率时，这两个命令将显示为灰色。

"画板适合窗口大小"：在菜单栏中选择"视图"→"画板适合窗口大小"命令或按<Ctrl+0>组合键，可以自动调整视图，以适合文档窗口的大小。

"全部适合窗口大小"：在菜单栏中选择"视图"→"全部适合窗口大小"命令或按<Alt+Ctrl+0>组合键，可以自动调整视图，以适合文档窗口的大小。

"实际大小"：在菜单栏中选择"视图"→"实际大小"命令或按<Ctrl+1>组合键，将以100%的比例显示文件，也可以双击工具箱中的"缩放工具"图标来进行此操作。

在操作界面中打开一个图像素材，如图1-37所示。单击工具箱中的"缩放工具" ，将光标移至视图上，光标显示为 形状，单击即可以整体放大对象的显示比例，如图1-38所示。

图1-37　打开素材文件

图1-38　放大后的效果

使用"缩放工具" 还可以查看某一范围内的对象，在图像上按住鼠标左键不放并拖动鼠标，拖出一个矩形框，如图1-39所示。释放鼠标左键即可将矩形框中的对象放大至整个窗口，如图1-40所示。

在编辑图稿的过程中，如果图像较大或者因窗口的显示比例被放大而不能在画面中完成显示图稿。则可以使用"抓手工具" 移动画面，以便查看对象的不同区域。选择"抓手工具" 后，在画面中单击并移动鼠标即可移动画面，如图1-41所示。

如果需要缩小窗口的显示比例，则可以单击工具箱中的"缩放工具" ，再按住键盘上的<Alt>键，单击即可缩小图像，如图1-42所示。

第1章　Illustrator CC基础操作

图1-39　选择放大的矩形范围

图1-40　放大矩形范围中的图形

图1-41　使用"抓手工具"移动视图画面

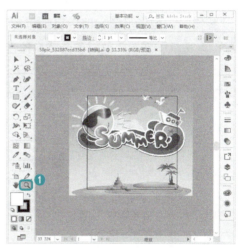

图1-42　缩小图像

提示

▶ 在Illustrator中放大窗口的显示比例后，按住键盘上的<Space>键即可快速换到"抓手工具" ，按住键盘上的<Space>键不放并拖动鼠标即可移动视图画面。

1.9　置入和导出文件

"置入"命令是导入文件的主要方式，该命令提供了有关文件的格式、置入选项和颜色的最高级别的支持。在置入文件后，可以使用"链接"面板来识别、选择、监控和更新文件。

在菜单栏中选择"文件"→"置入"命令，弹出"置入"对话框，如图1-43所示。在该对话框中选择所需要置入的文件或图像，单击"置入"按钮，可将其置入Illustrator中。

"文件名"：选择置入的文件后，可以在该文本框中显示文件的名称。

"文件类型"：在该选项的下拉列表中可以选择需要置入的文件的类型，默认为"所有格式"。

"链接"：选择该复选框后，置入的图稿同源文件保持链接关系。此时如果源文件的存储位置发生变化或者被删除了，则置入的图稿也会从Illustrator文件中发生变换或消失。取消选择时，可以将图稿嵌入文档中。

"模板"：选择该选项后，置入的文件将成为模板文件。

"替换"：如果当前文档中已经包含了一个置入的对象，并且处于选中状态，勾选"替换"复选框，新置入的对象会替换掉当前文档中被选中的对象。

图1-43 "置入"对话框

"显示导入选项"：勾选该复选框后，在置入文件时将会弹出相应的对话框。

在Illustrator中创建的文件可以使用"导出"命令导出为其他软件的文件格式，以便被其他软件使用。在菜单栏中选择"文件"→"导出"命令，弹出"导出"对话框，选择文件的保存位置并输入文件名称，在"保存类型"下拉列表中可以选择导出文件的格式，如图1-44所示，然后单击"保存"按钮即可导出文件。

图1-44 "导出"对话框

1.10 对象对齐和分布

在Illustrator CC中，增强了对象分布与对齐功能，新增了分布间距功能，可以使用"对齐"面板，对选择的多个对象进行对齐或分布，如图1-45所示。

图1-45 "对齐"面板

1.10.1 对齐对象

要对选取的对象进行对齐操作,可以在"对齐"面板中,执行下列操作之一。

要将选取的多个对象右对齐,可以单击 ■ 按钮。

要将选取的多个对象左对齐,可以单击 ■ 按钮。

要将选取的多个对象水平居中对齐,可以单击 ■ 按钮。

要将选取的多个对象顶对齐,可以单击 ■ 按钮。

要将选取的多个对象底对齐,可以单击 ■ 按钮。

要将选取的多个对象垂直居中对齐,可以单击 ■ 按钮。

提示:要对齐对象上的锚点,可使用"直接选择工具" ■ 选择相应的锚点;要相对于所选对象之一对齐或分布,请再次单击该对象(此次单击时无需按住<Shift>键),然后单击所需类型的对齐按钮或分布按钮。在"画板"面板中,若选择"对齐到画板"选项,将以画板作为对齐参考点,否则将以剪裁区域作为参考点。

1.10.2 分布对象

要对选取的对象进行分布操作,可以执行下列操作之一。

要将选取的多个对象按水平左分布,可以单击 ■ 按钮。

要将选取的多个对象按水平右分布,可以单击 ■ 按钮。

要将选取的多个对象垂直居中分布,可以单击 ■ 按钮。

要将选取的多个对象按垂直顶分布,可以单击 ■ 按钮。

要将选取的多个对象按垂直底分布,可以单击 ■ 按钮。

要将选取的多个对象水平居中分布,可以单击 ■ 按钮。

提示:使用分布选项时,若指定了一个负值的间距,则表示对象沿着水平轴向左移动或者沿着垂直轴向上移动。正值表示对象沿着水平轴向右移动或者沿着垂直轴向下移动。指定正值表示增加对象间的间距,指定负值表示减少对象间的间距。

1.10.3 分布间距

在Illustrator CC中，进行对象分布与对齐时可以设置分布间距，若选中按钮 ![icon]，将垂直分布间距；若选中按钮 ![icon]，将水平分布间距，否则可手动设置分布间距值，如图1-46所示。

图1-46　对象水平与垂直分布间距

1.11　对象编组

可以将多个对象编组，编组对象可以作为一个单元被处理。可以对其进行移动或变换，这些将影响对象各自的位置或属性。例如，可以将图稿中的某些对象编成一组，以便将其作为一个单元进行移动和缩放。

编组对象被连续地堆叠在图稿的同一图层上，因此，编组可能会改变对象的图层分布及其在网层中的堆叠顺序。若选择位于不同图层中的对象编组，则其所在图层中的最靠前的图层，即是这些对象将被编入的图层。编组对象可以嵌套，也就是说编组对象中可以包含组对象。使用"选择工具" ![icon] 和"直接选择工具" ![icon] 可以选择嵌套编组层次结构中的不同级别的对象。编组在"图层"面板中显示为"编组"项目，可以使用"图层"面板在编组中移入或移出项目，如图1-47所示。

图1-47　打开的编组对象

1.11.1 对象编组

要选择多个对象编组，可以选择"对象"→"编组"命令或按<Ctrl+G>组合键，如图1-48所示，将选取的对象进行编组。

图1-48　选择"编组"命令

提示

▶ 若编组时选择的是对象的一部分，例如，一个锚点，则将选取编组的整个对象。

1.11.2 取消对象编组

若要取消编组对象，则可以在菜单栏中选择"对象"→"取消编组"命令或按<Shift+Ctrl+G>组合键，如图1-49所示。

图1-49 选择"取消编组"命令

提示

▶ 若不能确定某个对象是否属于编组,则可以先选择该对象,查看"对象"→"取消编组"命令是否可用,如果可用表示该对象已被编组。

1.12 Illustrator常用快捷键

1.12.1 工具箱快捷键

提示

▶ 多种工具共用一个快捷键的可同时按<Shift>键加此快捷键选取,当按下<CapsLock>键时,可直接用此快捷键切换。

直接选取工具、组选取工具：<A>；
钢笔、添加锚点、删除锚点、改变路径角度：<P>；
添加锚点工具：<+>；
删除锚点工具：<->；
文字、区域文字、路径文字、竖向文字、竖向区域文字、竖向路径文字：<T>；
椭圆、多边形、星形、螺旋形：<L>；
增加边数、倒角半径及螺旋圈数：（在<L>、<M>状态下绘图）<↑>；
减少边数、倒角半径及螺旋圈数：（在<L>、<M>状态下绘图）<↓>；
矩形、圆角矩形工具：<M>；
画笔工具：<B>；
铅笔、圆滑、抹除工具：<N>；
旋转、转动工具：<R>；
缩放、拉伸工具：<S>；
镜向、倾斜工具：<O>；
自由变形工具：<E>；
混合、自动勾边工具：<W>；
图表工具（七种图表）：<J>；
渐变网点工具：<U>；
渐变填色工具：<G>；
颜色取样器：<I>；
油漆桶工具：<K>；
剪刀、餐刀工具：<C>；
视图平移、页面、尺寸工具：<H>；
放大镜工具：<Z>；
默认前景色和背景色：<D>；
切换填充和描边：<X>；
标准屏幕模式、带有菜单栏的全屏模式、全屏模式：<F>；
切换为颜色填充：<<>；
切换为渐变填充：<>>；
切换为无填充：</>；
临时使用抓手工具：<Space>；
精确进行镜向、旋转等操作 选择相应的工具后按：<Enter>；
复制物体：在<R>、<O>、<V>等状态下按<Alt>键的同时拖动。

1.12.2 文件操作快捷键

新建图形文件：<Ctrl+N>；
打开已有的图像：<Ctrl+O>；
关闭当前图像：<Ctrl+W>；
保存当前图像：<Ctrl+S>；
另存为...：<Ctrl+Shift+S>；
存储副本：<Ctrl+Alt+S>；
页面设置：<Ctrl+Shift+P>；
文档设置：<Ctrl+Alt+P>；
打印：<Ctrl+P>；
打开<预置>对话框：<Ctrl+K>；
回复到上次存盘之前的状态：<F12>。

1.12.3 编辑操作快捷键

还原前面的操作（步数可在预置中）：<Ctrl+Z>；
重复操作：<Ctrl+Shift+Z>；
将选取的内容剪切放到剪贴板：<Ctrl+X>或<F2>；
将选取的内容拷贝放到剪贴板：<Ctrl+C>；
将剪贴板的内容粘到当前图形中：<Ctrl+V>或<F4>；
将剪贴板的内容粘到最前面：<Ctrl+F>；
将剪贴板的内容粘到最后面：<Ctrl+B>；
删除所选对象：<Del>；
选取全部对象：<Ctrl+A>；
取消选择：<Ctrl+Shift+A>；
再次转换：<Ctrl+D>；
发送到最前面：<Ctrl+Shift+]>；
向前发送：<Ctrl+]>；

发送到最后面：<Ctrl+Shift+[>；
向后发送：<Ctrl+[>；
群组所选物体：<Ctrl+G>；
取消所选物体的群组：<Ctrl+Shift+G>；
锁定所选的物体：<Ctrl+2>；
锁定没有选择的物体：<Ctrl+Alt+Shift+2>；
全部解除锁定：<Ctrl+Alt+2>；
隐藏所选物体：<Ctrl+3>；
隐藏没有选择的物体：<Ctrl+Alt+Shift+3>；
显示所有已隐藏的物体：<Ctrl+Alt+3>；
联接断开的路径：<Ctrl+J>；
对齐路径点：<Ctrl+Alt+J>；
调合两个物体：<Ctrl+Alt+B>；
取消调合：<Ctrl+Alt+Shift+B>；
调合选项：选<W>后按<Enter>；
新建一个图像遮罩：<Ctrl+7>；
取消图像遮罩：<Ctrl+Alt+7>；
联合路径：<Ctrl+8>；
取消联合：<Ctrl+Alt+8>；
图表类型：选<J>后按<Enter>；
再次应用最后一次使用的滤镜：<Ctrl+E>；
应用最后使用的滤镜并调节参数：<Ctrl+Alt+E>。

1.12.4 文字处理快捷键

文字左对齐或顶对齐：<Ctrl+Shift+L>；
文字中对齐：<Ctrl+Shift+C>；
文字右对齐或底对齐：<Ctrl+Shift+R>；
文字分散对齐：<Ctrl+Shift+J>；
插入一个软回车：<Shift+Enter>；
精确输入字距调整值：<Ctrl+Alt+K>；
将字距设置为0：<Ctrl+Shift+Q>；

将字体宽高比还原为1比1：<Ctrl+Shift+X>；
左／右选择 1 个字符：<Shift+←>/<→>；
下／上选择 1 行：<Shift+↑>/<↓>；
选择所有字符：<Ctrl+A>；
选择从插入点到鼠标点按点的字符：<Shift>加点按；
左／右移动 1 个字符：<←>/<→>；
下／上移动 1 行：<↑>/<↓>；
左／右移动1个字：<Ctrl+←>/<→>；
将所选文本的文字大小减小2 点象素：<Ctrl+Shift+<>；
将所选文本的文字大小增大2 点象素：<Ctrl+Shift+>>；
将所选文本的文字大小减小10 点象素：<Ctrl+Alt+Shift+<>；
将所选文本的文字大小增大10 点象素：<Ctrl+Alt+Shift+>>；
将行距减小2点象素：<Alt+↓>；
将行距增大2点象素：<Alt+↑>；
将基线位移减小2点象素：<Shift+Alt+↓>；
将基线位移增加2点象素：<Shift+Alt+↑>；
将字距微调或字距调整减小20/1000ems：<Alt+←>；
将字距微调或字距调整增加20/1000ems：<Alt+→>；
将字距微调或字距调整减小100/1000ems：<Ctrl+Alt+←>；
将字距微调或字距调整增加100/1000ems：<Ctrl+Alt+→>；
光标移到最前面：<Home>；
光标移到最后面：<End>；
选择到最前面：<Shift+Home>；
选择到最后面：<Shift+End>；
将文字转换成路径：<Ctrl+Shift+O>。

1.12.5 视图操作快捷键

将图像显示为边框模式（切换）：<Ctrl+Y>；
对所选对象生成预览（在边框模式中）：<Ctrl+Shift+Y>；
放大视图：<Ctrl++>；
缩小视图：<Ctrl+->；

放大到页面大小：<Ctrl+0>；

实际象素显示：<Ctrl+1>；

显示/隐藏所路径的控制点：<Ctrl+H>；

隐藏模板：<Ctrl+Shift+W>；

显示/隐藏标尺：<Ctrl+R>；

显示/隐藏参考线：<Ctrl+;>；

锁定/解锁参考线：<Ctrl+Alt+;>；

将所选对象变成参考线：<Ctrl+5>；

将变成参考线的物体还原：<Ctrl+Alt+5>；

贴紧参考线：<Ctrl+Shift+;>；

显示/隐藏网格：<Ctrl+">；

贴紧网格：<Ctrl+Shift+">；

捕捉到点：<Ctrl+Alt+">；

应用敏捷参照：<Ctrl+U>；

显示/隐藏"字体"面板：<Ctrl+T>；

显示/隐藏"段落"面板：<Ctrl+M>；

显示/隐藏"制表"面板：<Ctrl+Shift+T>；

显示/隐藏"画笔"面板：<F5>；

显示/隐藏"颜色"面板：<F6>/<Ctrl+I>；

显示/隐藏"图层"面板：<F7>；

显示/隐藏"信息"面板：<F8>；

显示/隐藏"渐变"面板：<F9>；

显示/隐藏"描边"面板：<F10>；

显示/隐藏"属性"面板：<F11>；

显示/隐藏所有命令面板：<TAB>；

显示或隐藏工具箱以外的所有调板：<Shift+TAB>；

选择最后一次使用过的面板：<Ctrl+~>。

第2章　基本绘图工具

【本章导读】

基础知识
- ◇ "星形工具"的应用
- ◇ "橡皮擦工具"的应用

重点知识
- ◇ "画笔工具"的应用
- ◇ "钢笔工具"的应用

提高知识
- ◇ "文字工具"的应用
- ◇ 熟练掌握各种工具练习实例的制作

在图形绘制中，用户经常会使用几何形状来进行设计和创意，为了满足这些需求，Illustrator CC提供了各种基本几何图形绘制工具，它们极大地满足了用户在平面设计中绘制各种图形的需求。

2.1　夏季的星空

夏季的星空繁星闪烁，璀璨美丽，下面将一起学习如何制作夏季的星空，完成效果，如图2-1所示。

图2-1　绘制星形后的效果图

2.1.1　知识要点

本例主要讲解使用"星形工具"绘制的方法和技巧，同时了解渐变的设置与使用。

2.1.2　实现步骤

1）打开"素材"→"Cha02"→"夏季的星空.ai"文件，如图2-2所示。

2）使用"星形工具" ☆ ，在绘图区单击，在弹出的"星形"对话框中，将"半径1"设置为"50px"，将"半径2"设置为"23px"，将"角点数"设置为"5"，如图2-3所示。

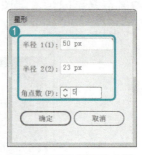

图2-2 打开素材文件　　　　　图2-3 设置"星形"参数

> **提示**
>
> ▶ "半径1"与"半径2"的数值相等时,所绘制的图形为多边形,且边数为"角点数"的两倍。

3)单击"确定"按钮,选择绘制的星形对象,在工具箱中选择"渐变"工具,弹出"渐变"面板,将"类型"设置为"径向",将"角度"设置为"17.4°",将第1个色标颜色参数设置为"245、243、193",将第2个色标颜色参数设置为"224、115、26",设置完成后的显示效果,如图2-4所示。

图2-4 设置星形的填充和描边

4）将星形对象进行旋转，如图2-5所示。

5）选择星形对象，按住<Alt>键，对星形进行多次复制并调整星形的角度和位置，如图2-6所示。

图2-5　旋转对象

图2-6　复制多个对象

2.1.3 知识解析

"星形工具"对话框中的相关参数介绍：

1）"半径1"：可以定义所绘制的星形内侧点（凹处）到星形中心的距离。

2）"半径2"：可以定义所绘制的星形外侧点（顶端）到星形中心的距离。

3）"角点数"：可以定义所绘制星形图形的角点数。

2.1.4 自主练习—牙齿动画壁纸

本例主要讲解"椭圆工具"的使用方法和技巧，同时了解"网格工具"的使用，效果如图2-7所示。

1）打开"素材"→"Cha02"→"牙齿动画壁纸.ai"文件。

2）在工具箱中使用"椭圆工具"，创建矩形图形对象。

3）然后使用"网格工具"对图形对象进行调整，调整至细长弯曲的状态，然后对其填充渐变色并调整到合适的位置。

图2-7 牙齿动画壁纸素材

图2-8 牙齿动画壁纸效果

2.2 卡通奖牌

在人们参加各种运动或竞技活动时，在项目的最后都会颁发奖项，下面将一起学习奖牌的制作，显示效果如图2-9所示。

图2-9 卡通奖牌效果图

2.2.1 知识要点

本例将讲解"橡皮擦工具"的使用以及"橡皮擦工具选项"对话框中各参数的使用。

2.2.2 实现步骤

1）打开"素材"→"Cha02"→"卡通奖杯素材.ai"文件，如图2-10所示。
2）使用"选择工具"，单击选择对象。
3）使用"橡皮擦工具" ◆ ，将鼠标放置到需要擦除的路径上，按住鼠标左键不放并在路径上拖拽鼠标，擦除后的效果如图2-11所示。

图2-10　打开素材文件

图2-11　使用"橡皮擦工具"擦除后的效果

2.2.3 知识解析

双击"橡皮擦工具"，弹出"橡皮擦工具选项"对话框，如图2-12所示。在对话框中可以设置"角度""圆度"和"大小"。

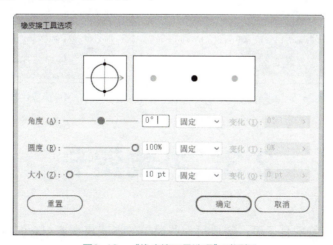

图2-12　"橡皮擦工具选项"对话框

1)"角度"选项用于设置"橡皮擦工具"在水平线上的角度。
2)"圆度"选项用于设置橡皮擦的圆度。
3)"大小"选项用于设置橡皮擦的笔触大小(快捷键为左右中括号)。

2.2.4 自主练习——标签

本例主要讲解"平滑工具"的使用,使用户掌握"平滑工具选项"对话框的使用。

1)打开"素材"→"Cha02"→"制作标签素材.ai"文件,如图2-13所示。
2)在工具箱中使用"选择工具",选择标签牌,选中状态显示路径。
3)然后在工具箱中选择"剪刀工具",选中的位置出现路径锚点,单击需要修剪的位置即可,完成效果,如图2-14所示。

图2-13 标签素材

图2-14 标签效果

2.3 礼物贺卡

在人生的一些特殊日子里,需要用一些简单的形式庆祝或纪念,例如,生日,下面将一起学习生日卡片的制作，制作效果如图2-15所示。

图2-15　生日贺卡效果图

2.3.1 知识要点

本例主要讲解"画笔工具""画笔"以及"画笔工具选项"对话框的使用等，掌握载入画笔命令以及如何将画笔样式应用于图形中。

2.3.2 实现步骤

1）打开"素材"→"Cha02"→"画笔工具.ai"文件，如图2-16所示。

2）选择"窗口"→"画笔"命令（快捷键为<F5>），显示"画笔"面板，单击左下角的"画笔库菜单"按钮，在弹出的下拉菜单中选择"边框"→"边框-新奇"选项，然后在显示的边框中选择合适的边框，如图2-17所示。

3）使用"画笔工具"在场景中绘制出如图2-18所示的效果。

图2-16　打开素材文件

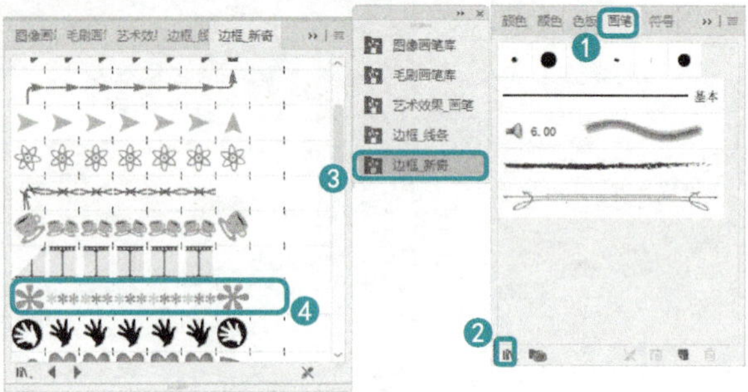

图2-17　"画笔"面板

图2-18　最终效果

提示

▶ 使用"画笔"面板底部的命令可以对画笔进行管理。

"画笔库菜单"按钮：单击该按钮，选择相应的菜单命令，可以将画笔库中更多的画笔载入。

"库面板"按钮：单击该按钮，可打开"库"面板。

"移去画笔描边"按钮：将路径的画笔描边效果去除，恢复路径原来的填充颜色。

"所选对象的选项"按钮：选中应用画笔的路径，单击该按钮可以打开相应的对话框，可以控制画笔的大小、角度等参数。

"新建画笔"按钮：可以创建不同类型的新画笔。

"删除画笔"按钮：可以删除面板中的画笔。

2.3.3 知识解析

"画笔工具"用于绘制徒手画、书法线条路径图稿与路径图稿,它不仅可以使路径外观具有不同的风格,还可以模拟多种多样的绘图效果。

使用"画笔工具"(快捷键为<B>)可以绘制出带有不同风格的路径效果,双击"画笔工具",此时弹出"画笔工具选项"对话框,如图2-19所示。通过该对话框可以设置"笔刷工具"的属性。

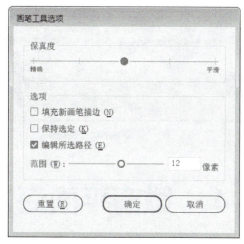

图2-19 "画笔工具选项"对话框

1)"保真度":该值越高,路径越平滑。
2)"填充新画笔描边":将填充应用于所绘制的路径。
3)"保持选定":绘制完一条路径后是否将该路径保持选定。
4)"编辑所选路径":是否可以用"画笔工具"改变一条现有的路径。

2.3.4 自主练习——色彩斑斓的墨迹

本例通过色彩斑斓墨迹的设计制作,巩固"画笔工具"和"画笔"面板的使用,重点掌握载入画笔笔刷命令的使用,如图2-20所示。

1)按<Ctrl+N>组合键新建一个"宽度"为200像素、"高度"为100像素的文件。
2)在菜单栏中选择"窗口"→"画笔"命令,在弹出的对话框中选择"画笔库"→"艺术效果"→"艺术效果_油墨"命令,打开"艺术效果_油墨"面板,将"油墨泼溅"拖拽至绘图区中。

3)选择添加的"油墨泼溅"效果,单击鼠标右键,在弹出的快捷菜单中选择"取消编组"命令,将编组消除。

4)选择图形对象,可通过"色板"对其分别填充颜色。

5)使用同样的方法,用户可根据自身喜好对"油墨泼溅"设置渐变颜色或填充单色。

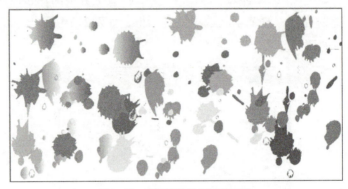

图2-20　色彩斑斓的墨迹效果图

2.4　微商平面海报

随着商业拓展的方式越来越多,微商已经成为人人都可以轻而易举获得的一种职业,在做微商产品活动时,需要制作精美的宣传海报吸引顾客的青睐。下面将一起学习微商平面海报的制作,制作效果如图2-21所示。

图2-21　直线段效果图

2.4.1 知识要点

本案例主要引用了"钢笔工具"创建图形对象,执行填充命令,应用"文字工具"创建文字等,在调整文字角度时引用了"旋转工具"。

2.4.2 实现步骤

1)打开"素材"→"Cha02"→"制作标签素材邮票.ai"文件,如图2-22所示。

2)新建图层,使用"钢笔工具"绘制多边形对象,如图2-23所示。将"填充颜色"的RGB值设置为"227、73、80"进行填充,如图2-24所示。

  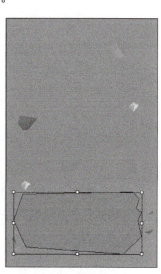

图2-22　素材文件　　　　　图2-23　创建多边形　　　　　图2-24　填充效果

3)新建图层,使用"钢笔工具",绘制和上一个多边形相似且小一号的多边形并将其"填充"的RGB值设置为"247、61、66",完成效果如图2-25所示。

4)新建图层,使用"钢笔工具",绘制两个大小不同的三角形,并将其填充为白色,如图2-26所示。

5)新建图层,在工具箱中使用"文字工具",输入文本对象,在工具栏中将"字体颜色"设置为白色,选择"字符"选项,在弹出的面板中将"字体"设置为"华文行楷",将"字体"大小设置为"80pt",将"行距"设置为"100pt",如图2-27所示,文字显示效果如图2-28所示。

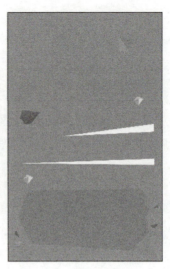

图2-25　创建多边形并填充　　图2-26　创建三角形并填充

图2-27　设置文字参数

6）使用同样的方法创建其他文字对象，调整其大小和位置，使用"旋转工具"调整文字角度，文字显示效果如图2-29所示。

7）在菜单栏中选择"文件"→"置入"命令，在弹出的"置入"对话框中打开"素材"→"Cha02"→"微商平面海报素材1.ai"文件，并将其调整到合适位置，如图2-30所示。

图2-28　文字显示效果　　图2-29　创建其他文字　　图2-30　置入图片效果

2.4.3 知识解析

"钢笔工具"的使用非常简单,可以用它创建出各种多边形。

"旋转工具"可以对对象进行旋转操作,在操作时,如果按住<Shift>键,对象以45°增量角旋转。

2.4.4 自主练习——视频图标

本例将讲解如何制作视频图标。首先使用"圆角矩形工具"制作图标的背景,然后添加"视频"图标,并使用"混合工具"制作图标的阴影,最后复制图标和圆角矩形,将图标剪切完成后的效果,如图2-31所示。

1)启动软件后按<Ctrl+N>组合键新建一个200mm×200mm、颜色模式为RGB的文档。选择"圆角矩形工具",创建圆角矩形并填充。

2)在"符号"面板中添加"视频"符号。

3)选中"视频"图标,在属性栏中单击"断开链接"按钮。

图2-31 视频图标

4)将"视频"图标移动至圆角矩形的中央,然后按住<Alt>拖动图标,复制"视频"图标。然后选中复制得到的图标,将其颜色的RGB值设置为"102、102、102"。

5)在工具箱中使用"混合工具",在两个图标上分别单击,将图形混合。在属性栏中,将"不透明度"设置为"30%"。

> **提示**
>
> ▶ 使用"混合工具"时可以双击,这样会弹出"混合选项"对话框,在这里将"间距"设为"平滑颜色"。

6)在"图层"面板中,选中黑色图标,分别按<Ctrl+C>和<Ctrl+F>组合键,对其进行原位复制。在"图层"面板中，将复制得到的图标移动到图层的顶层，将复制得到的图标颜色更改为白色。

> **提示**
>
> ▶ 复制剪切快捷键：<Ctrl+C>复制、<Ctrl+X>剪切、<Ctrl+V>粘贴、<Ctrl+F>粘贴到前面、<Ctrl+B>粘贴到后面。

7）然后在"图层"面板中，使用相同的方法在原位置复制圆角矩形，并将其移动到所有图层的顶层。

8）在"图层"面板中，将"混合"图层移动至"视频"图层的上面。选中"视频"图层，单击"删除所选图层"按钮|🗑|，将"视频"图层删除。

9）按<Ctrl+A>组合键选择所有图形对象。然后按<Ctrl+7>组合键建立剪切蒙版。

10）使用"画板工具"，对画板的边框进行调整。

11）然后按<Esc>键退出画板编辑模式，完成对画板的调整，最后保存场景文件并导出效果图片。

> **提示**
>
> ▶ 按<Ctrl++>组合键可以放大视图，方便对锚点进行调整。

第3章　对象的选取、编辑与管理

【本章导读】

基础知识
- ◆ 对象排列的应用
- ◆ 编组命令的应用

重点知识
- ◆ 锁定命令的应用
- ◆ 选择工具的应用

提高知识
- ◆ 掌握基本工具的应用
- ◆ 结合实例练习操作

本章主要介绍Illustrator CC对图形进行编辑和管理，包括选择、移动、复制、锁定与解锁、编组与取消编组、排列、对齐等操作，主要涉及选择工具和直接选择工具。

3.1　月夜美景

在炎热的夏天，最美不过晚上的一轮明月，皎洁而又神秘，下面将一起学习如何制作出月夜美景，显示效果如图3-1所示。

图3-1　月夜美景效果图

3.1.1　知识要点

本实例主要讲解如何使用对象排列命令，巩固对编组命令和锁定命令的使用，重点掌握排列命令的快捷键。

3.1.2　实现步骤

1）启动Illustrator CC软件，选择"文件"→"打开"命令，打开"素材"→"Cha03"→"月夜美景.ai"文件，如图3-2所示。

2）使用"选择工具"，单击选择对象，效果如图3-3所示。

图3-2　打开素材文件

图3-3　选择对象

3）选择"对象"→"排列"→"置于底层"命令，将所选择对象移动至所有对象的下方，如图3-4所示。

4）执行命令后的效果，如图3-5所示。

图3-4 选择"置于底层"命令

图3-5 执行命令后的效果

3.1.3 知识解析

"排列"子菜单中提供了5个命令，下面将分别熟悉各个命令的作用：

"置于顶层"：将所选取的图像移动至所有图像的最前面。

"前移一层"：将所选取的图像向前移动一个图像。

"后移一层"：将所选取的图像向后移动一个图像。

"置于底层"：将所选取的图像移动至所有图像的最后面。

"发送至当前图层"：将所选取的图像移动至当前图层中，使用它可以在多个不同的图层之间移动对象。

3.1.4 自主练习——小熊皇冠

本例将讲解IIlustrator CC的对象排列顺序，排列前后对比效果，如图3-6所示。

1）在IIlustrator CC的菜单栏中选择"文件"→"打开"→命令，打开"素材"→"Cha03"→"小熊皇冠素材.ai"文件。

2）在"图层"面板中对"路径"图层选择"对象"→"排列"→"置于顶层"命令。

3）然后将其后移一层。

4）使用"选择工具"选择所有图形对象。在菜单栏中选择"对象"→"锁定"→"所选对象"命令，锁定即可。

图3-6　对比效果图

3.2　水果促销宣传

正值夏季水果丰盛熟透的季节，如何让水果更好地销售，离不了好的宣传，下面一起制作水果促销宣传广告，如图3-7所示。

图3-7　水果促销宣传广告

3.2.1　知识要点

本例主要讲解选择工具、排列命令、复制和贴在前面命令的使用方法。

3.2.2 实现步骤

1）在IIIustrator CC的菜单栏中选择"文件"→"打开"命令,打开"素材"→"Cha03"→"水果促销宣传素材.ai"文件,如图3-8所示。

2）使用"选择工具",单击选择视图中的图像对象,如图3-9所示。

3）选择"对象"→"排列"→"置于顶层"命令,将所选择的对象移动至所有图形对象的最上面,效果如图3-10所示。

4）使用"选择工具" ▶,单击选择视图中的植物图像,选择"编辑"→"复制"命令,效果如图3-11所示。

图3-8 打开素材文件

图3-9 选择对象

图3-10 将所选对象置于顶层

图3-11 复制图形对象

5）选择"编辑"→"贴在后面"命令（快捷键为<Ctrl+B>），如图3-12所示。

6）在工具箱中双击"镜像工具"，弹出"镜像"对话框，将"轴"设置为"垂直"，然后单击"确定"按钮，如图3-13所示。

图3-12 选择"贴在后面"命令

图3-13 设置镜像参数

提示

▶ "贴在前面"命令的快捷键为<Ctrl+F>。

7）在工具箱中使用"移动工具"将复制得到的对象调整到合适的位置，如图3-14所示。

8）继续使用"选择工具"，单击选择视图中的菠萝图像，然后在菜单栏中选择"编辑"→"复制"命令，效果如图3-15所示。

9）选择"编辑"→"贴在前面"命令（组合键为<Ctrl+F>），如图3-16所示。

10）使用"镜像工具"将复制对象镜像并调整位置，如图3-17所示。

11）再次在菜单栏中选择"对象"→"编组"命令，将其组合成为一个整体，完成后的效果如图3-18所示。

图3-14 调整位置

 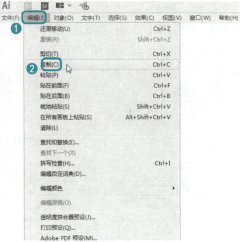

图3-15 复制对象

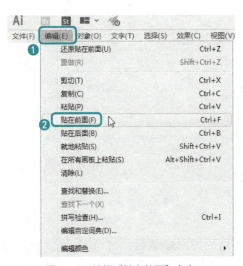 

图3-16 选择"贴在前面"命令　　　　　　图3-17 调整效果

图3-18 完成后的效果

3.2.3 知识解析

本节主要学习图形的处理，其处理的方法有图像的复制、粘贴以及文件的还原与恢复，学会这些方法就可以在以后的作图中随意地删除以及恢复一个图形。

1. 图像的复制、粘贴

1）选择对象后，在菜单栏中选择"编辑"→"复制"命令，可以将对象复制到剪贴板中，画板中的对象保持不变。

2）在菜单栏中选择"编辑"→"剪切"命令，可以将对象从画面中剪切到剪贴板中。

3）复制或剪切对象后，在菜单栏中选择"编辑"→"粘贴"命令，可以将对象粘贴到文档窗口中，对象会自动位于文档窗口的中央。

> **提示**
>
> ▶ 在菜单栏中选择"剪切"或"复制"命令后，在Photoshop中选择"编辑"→"粘贴"命令，可以将剪贴板中的图稿粘贴到Photoshop文件中。

4）复制对象后，可以在菜单栏中选择"编辑"→"贴在前面"命令或"编辑"→"贴在后面"命令将对象粘贴到指定的位置。

5）如果当前没有选择任何对象，则选择"贴在前面"命令时，粘贴的对象将位于被复制对象的上面，并且与该对象重合，如果在选择"贴在前面"命令前选择了一个对象，则执行该命令时，粘贴的对象与被复制的对象仍处于相同的位置，但它位于被选择对象的上面。

6）"贴在后面"菜单命令与"贴在前面"菜单命令的效果相反。选择"贴在后面"命令时，如果没有选择任何对象，则粘贴的对象将位于被复制对象的下面，如果在执行该命令前选择了对象，则粘贴的对象位于被选择的对象的下面。

7）如果需要删除对象，则可以选中需要删除的对象，在菜单栏中选择"编辑"→"清除"命令或者按<Del>键即可将选中的对象删除。

2. 还原与恢复文件

在使用Illustrator CC绘制图稿的过程中，难免会出现错误，这时可以在菜单栏中选择"编辑"→"还原"命令或按<Ctrl+Z>组合键，使用"还原"命令来更正错误。即使选择"文件"→"存储"命令，也可以进行还原操作，但是如果关闭了文件又重新打开，则无法再还原。当"还原"命令显示为灰色时，表示"还原"命令不可用，也就是操作无法还原。

> **提示**
>
> ▶ 在Illustrator CC中的还原操作是不限次数的，只受内存小大的限制。

还原之后，还可以在菜单栏中选择"编辑"→"重做"命令或按<Shift+Ctrl+Z>组合键，撤消还原，恢复到还原操作之前的状态。如果在菜单栏中选择"文件"→"恢复"命令"或按<F12>键"，则可以将文件恢复到上一次存储的版本。需要注意的是这时再在菜单栏中选择"文件"→"恢复"命令将无法还原。

3.2.4 自主练习——海滩

本实例主要讲解使用"选择工具"选择对象，打开"素材"→"Cha03"→"海滩.ai"文件，如图3-19所示。通过排列命令更改对象的排列顺序，巩固锁定对象和编组命令的使用，如图3-20所示。

图3-19 素材文件

图3-20 海滩效果图

1）使用"选择工具"选择条纹对象。然后在菜单栏中选择"对象"→"锁定"→"所选对象"命令,将所选对象锁定。

2)再次使用"选择工具"选择塔和船对象,在菜单栏中选择"对象"→"排列"→"置于顶层"命令,将所选对象移至顶层。

3)使用"选择工具"选择下面的棕色条纹,然后在菜单栏中选择"对象"→"排列"→"置于底层"命令,将所选对象置于底层。

4)再次使用"选择工具"选择鸽子对象,单击选择对象,将其移动到合适的位置。

5)再次使用"选择工具"选择石基对象,在菜单栏中选择"对象"→"排列"→"置于顶层"命令,将所选对象置于顶层。

3.3 儿童乐园

儿童乐园是每个人童年的美好回忆,那里充满了纯真童趣,下面通过制作简单的儿童乐园一角回忆童年,制作效果如图3-21所示。

图3-21 儿童乐园效果图

3.3.1 知识要点

本例主要讲解使用"选择工具"选择对象,通过排列命令更改对象的排列顺序,巩固锁定对象和编组命令的使用。

3.3.2 实现步骤

1）在IIIustrator CC的菜单栏中选择"文件"→"打开"命令，打开"素材"→"Cha03"→"儿童乐园素材.ai"文件，如图3-22所示。

2）使用"选择工具"，按住"Shift"键连续单击选择视图中的儿童图形对象，如图3-23所示。

图3-22 打开素材文件　　　　图3-23 选择对象

3）在菜单栏中选择"对象"→"排列"→"置于顶层"命令，如图3-24所示。显示效果，如图3-25所示。

图3-24 置于顶层

4）使用"选择工具"，选择下面的黄色底纹，在菜单栏中选择"对象"→"排列"→"置于底层"命令，选择效果如图3-26所示。

图3-25　显示效果　　　　　　　　　图3-26　选择并图形置于底层

5）在菜单栏中选择"对象"→"锁定"→"所选对象"命令，效果如图3-27所示。

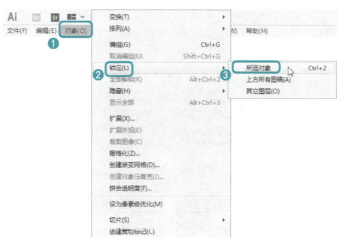

图3-27　锁定对象

6）使用"选择工具"选择条纹对象，如图3-28所示，然后在菜单栏中选择"对象"→"编组"命令，将选择对象进行编组，如图3-29所示。

7）在菜单栏中选择"对象"→"排列"→"置于底层"命令，然后再选择"前移一层"命令，如图3-30所示。移动位置后的显示效果，如图3-31所示。

8）使用"选择工具"，选择如图3-32所示的图形对象，然后在菜单栏中选择"对象"→"排列"→"置于底层"命令，如图3-33所示。

9）最后使用"选择工具"拖拽选择所有图形对象，并选择"对象"→"编组"命令，将它们进行编组操作，完成后的效果如图3-34所示。

图3-28 选择对象

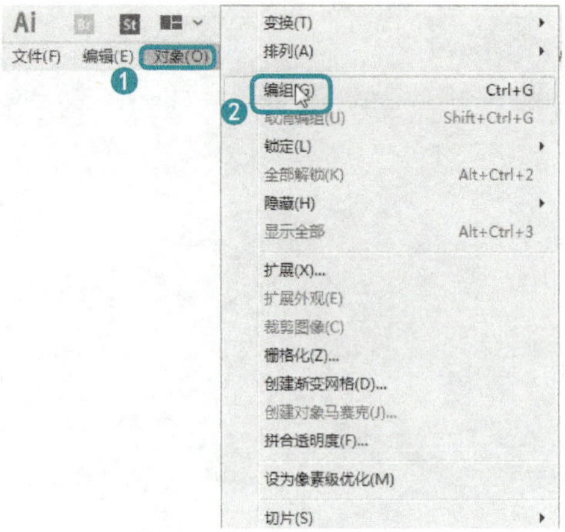

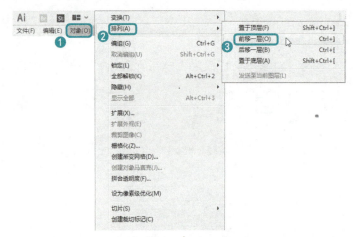

图3-29 对所有图形对象进行编组

图3-30 前移一层

图3-31 显示效果

图3-32 选择对象

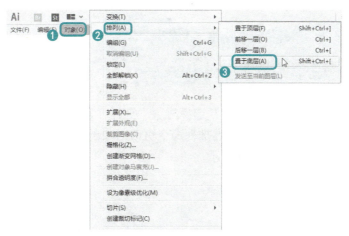

图3-33　置于底层

图3-34　显示效果

3.3.3 知识解析

除了使用选择工具选取对象外，还可以使用菜单命令选择对象。要使用菜单命令选取对象可以执行下列操作之一。

1）若选取重叠的某一对象，在菜单栏中选择"选择"→"下方的下一个对象"命令或按<Alt+Ctrl+[>组合键，将选择下一个对象。

2）若选取重叠的某一对象，在菜单栏中选择"选择"→"上方的下一个对象"命令或按<AIt+Ctrl+]>组合键，将选择上一个对象。

3.3.4 自主练习——向日葵

本实例主要讲解使用"选择工具"选择对象,打开"素材"→"Cha03"→"向日葵素材.ai"文件,如图3-35所示。通过排列命令更改对象的排列顺序,巩固锁定对象和编组命令的使用,完成效果如图3-36所示。

图3-35 素材文件　　　　　　图3-36 向日葵效果图

1)打开素材文件,使用"选择工具"选择对象,选择合适的向日葵进行锁定并复制,然后调整到合适的位置。

2)使用相同的方法复制移动多次图形,复制蜜蜂并调整角度和位置。

3)最后将图形进行编组即可。

3.4　新春海报

新年新气象,到处洋溢着春的气息,下面来学习制作新春海报,感受新春。新春海报显示效果如图3-37所示。

图3-37 新春海报效果图

3.4.1 知识要点

本例主要讲解使用"选择工具"选择对象，通过排列命令更改对象的排列顺序，巩固锁定对象和编组命令的使用。

3.4.2 实现步骤

1）启动Illustrator CC软件，选择"文件"→"打开"命令，打开"素材"→"Cha03"→"新春海报素材.ai"文件，如图3-38所示。

2）使用"选择工具"选择对象，单击选择如图3-39所示的对象。

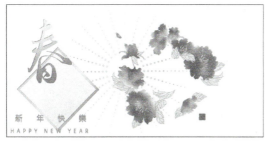
图3-38 打开素材文件

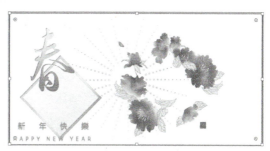
图3-39 选择对象

3）在菜单栏中选择"对象"→"锁定"→"所选对象"命令，将所选对象锁定，如图3-40所示，然后将其"置于底层"。

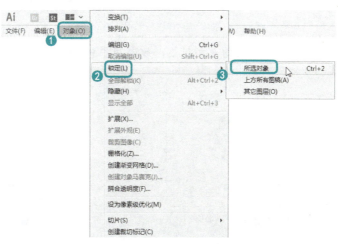
图3-40 将所选对象锁定

4）通过"选择工具"单击选择如图3-41所示的图形对象，将其移动到合适的位置。

5）使用"选择工具"将春字和方框移动到合适的位置，如图3-42所示。

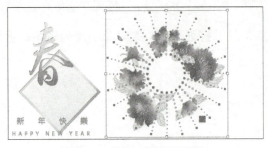
图3-41　选择对象并移动位置

图3-42　调整位置

6）在菜单栏中选择"对象"→"编组"命令，对所选对象进行编组，如图3-43所示，并将其移动到合适的位置，如图3-44所示。

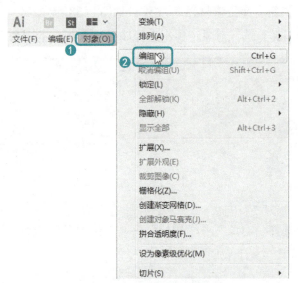
图3-43　对所选对象进行编组并进行移动

7）使用同样的方法选择并移动文字对象，效果如图3-45所示。

图3-44　调整位置效果

图3-45　最终效果

3.4.3 知识解析

在Illustrator CC中可以选择对象框架或框架中的内容，例如，图形与文本。下面将详细介绍选择工具、直接选择工具、编组选择工具、套索工具与魔棒工具的使用方法与技巧。

1. 选择工具

"选择工具"是最常用的工具，可以选择、移动或调整整个对象。在默认状态下处于激活状态，按下快捷键<V>可以选取该工具，可以执行下列操作之一。

单击对象可以选取单个对象并激活其定界框，选中对象后，对象处于选中状态，出现8个白色控制手柄，可以对其作整体变形，例如，缩放等，如图3-46所示。

1）按<Shift>键，单击对象可选取多个对象并激活其定界框。在屏幕上单击拖出矩形框可以圈选多个对象并激活其定界框。

2）按<Ctrl>键，依次单击将选取不同前后次序中的对象。

3）按<Alt>键的同时，单击并拖动对象可复制对象，如图3-47所示。

4）若多个对象重叠在一起，则按下<Ctrl+Alt+]>组合键可以选择当前对象的下一对象，按下<Ctrl+Alt+[>组合键，可以选择当前对象的上一对象。

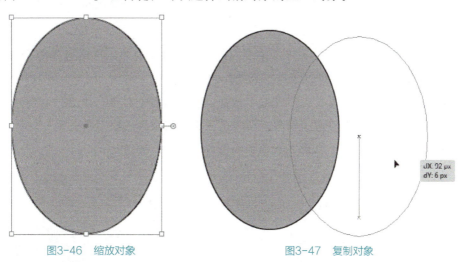

图3-46 缩放对象　　　　　图3-47 复制对象

2. 直接选择工具

使用"直接选择工具"可以选择对象上的锚点，按下快捷键<A>，选择"直接选择工具"，可以执行下列操作：

1）单击对象可以选择锚点或群组中的对象，如图3-48所示。

2）选中对象时，将激活该对象中的描点，按下<Shift>键，可以选中多个锚点或对象。选中锚点后，可以改变锚点的位置或类型。

3）选取锚点后，按下<Del>键，可以删除锚点。

4）选取锚点后，拖拽鼠标或按下箭头键，可以移动单个、多个锚点。

3. 编组选择工具

"编组选择工具" 可用来选择组内的对象或组对象，包括选取混和对象、图表对象等。要使用"编组选择工具" 选取对象，可以执行下列操作之一。

1）在群组中的某个对象或组对象上单击可以选择该对象或该组对象。

2）按<Shift>键可以选中群组中的多个对象，如图3-49所示。

3）在选中组对象时，在某个对象或组对象上单击可以选择下一层中的对象或组对象。

图3-48　选择描点

图3-49　选择群组中的多个对象

4. 套索工具

"套索工具" 可以圈选不规则范围内的多个对象，也可以同时选择多个锚点或路径。选取"套索工具" ，可以执行下列操作之一。

1）拖动绘制出不规则形状，将圈选不规则范围内的多个对象，如图3-50所示。

2）在群组中的某个对象或组对象上单击可以选择该对象或组对象。

3）在选取对象上圈选，可圈选对象中的锚点或路径，如图3-51所示。

图3-50　圈选对象

图3-51　圈选效果

5. 魔棒工具

按<Y>键,选择"魔棒工具"，可用它来选择具有相似属性的对象,相似属性,例如,填充、轮廓、不透明度等。双击"魔棒工具"，打开"魔棒"面板,设置好容差值,若勾选"填充"复选框,则选择相似属性将包含填充属性。按<Y>键,选择"魔棒工具"，在要选择的对象上单击将选取图稿中具有相似属性的对象,如图3-52所示。

图3-52　魔棒选择效果

3.4.4 自主练习——水墨画

本实例主要讲解使用"选择工具"选择对象,通过排列命令更改对象的排列顺序,巩固锁定对象和编组命令的使用,如图3-53所示。

1)启动Illustrator CC软件,在菜单栏中选择"文件"→"打开"命令,打开"素材"→"Cha03"→"水墨画素材.ai"文件。

2)使用"选择工具"选择对象,然后通过拖拽鼠标将所选对象移动到合适的位置。

3)选择方框,在菜单栏中选择"对象"→"排列"→"置于底层"命令,将所选对象置于底层。

4)然后使用相同的方法调整其他图形位置。

5)最后选择所有图形对象,在菜单栏中选择"对象"→"编组"命令,将所选对象进行编组即可。

图3-53　水墨画效果

第4章　填充与描边图形对象

【本章导读】

基础知识
◆ 色彩模式
◆ 渐变填充

重点知识
◆ 坐椅
◆ 气球生日贺卡

提高知识
◆ 单色填充
◆ "描边"面板

一幅作品的设计成功与否在很大程度上取决于色彩的选择和搭配，色彩是艺术设计中的重要元素之一，也是平面设计中极其重要的组成部分，在Illustrator CC 中为用户提供了很多颜色的填充和填充类型。

4.1 单色填充

本例将讲解如何为场景文件进行单色填充,效果如图4-1所示。

图4-1 单色填充效果图

4.1.1 知识要点

本例主要讲解通过"选择工具"选中图形对象,通过颜色面板调整填充属性和描边属性。

4.1.2 实现步骤

1)打开"素材"→"Cha04"→"单色填充.ai"文件,如图4-2所示。

2)选择椅子中间的橙色线条,如图4-3所示。

图4-2 打开素材文件

图4-3 选择图形对象

3)打开"颜色"面板,将"填充颜色"的RGB值设置为"249、228、202",将

"描边颜色"设置为无,如图4-4所示。

4)选择椅子中间的粉红色线条,如图4-5所示。

图4-4 设置填充和描边颜色　　　　　图4-5 选择图形对象

5)将"填充颜色"的RGB值设置为"255、98、105",将"描边颜色"设置为无,如图4-6所示。

6)选择填充后的对象,单击鼠标右键,在弹出的快捷菜单中选择"排列"→"后移一层"命令,如图4-7所示。

图4-6 设置填充和描边颜色　　　　　图4-7 选择"后移一层"选项

7)选择右侧的滑板,单击鼠标右键,在弹出的快捷菜单中选择"隔离选中的剪切蒙版"命令,如图4-8所示。

8)选择滑板中间的对象,如图4-9所示。

9)将"填充颜色"的RGB值设置为"238、97、64",将"描边颜色"设置为无,如图4-10所示。

10)框选滑板最外侧的边,如图4-11所示。

11)将"填充颜色"的RGB值设置为"253、208、93",将"描边颜色"设置为无,如图4-12所示。

12）在空白的位置处单击鼠标右键，在弹出的快捷菜单中选择"退出隔离模式"命令，如图4-13所示。

图4-8　隔离选中的剪切蒙版

图4-9　选择图形对象

图4-10　设置填充和描边颜色

图4-11　选择图形对象

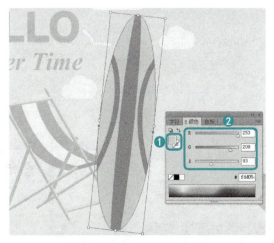

图4-12　设置填充和描边颜色

图4-13　退出隔离模式

13）最终效果如图4-14所示。

图4-14　最终效果

4.1.3　知识解析

　　色彩模式是指同一属性下的不同颜色的集合，它反映了图像文件不同的色彩范围。Illustrator CC中提供了RGB、CMYK、HSB、Web安全RGB和灰度5种色彩模式。其中最常见的是CMYK和RGB模式，CMYK是默认的色彩模式。

　　RGB色彩模式是一种加色模式，其图像是由红、绿、蓝3种颜色叠加组合而成的，主要作用于显示。RGB这三种基色中的每一种单色都有一个0～255的取值范围，如图4-15所示。

　　CMYK色彩模式是一种减色模式，其图像由青色、品红、黄色和黑色这4种基色中的每一种单色都有一个从0～100%的取值范围，如图4-16所示。

 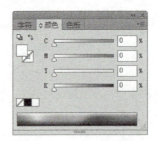

图4-15　RGB色彩模式　　　　图4-16　CMYK色彩模式

4.1.4　自主练习——伞

　　首先通过"钢笔工具"绘制出雨伞的轮廓，然后通过"颜色"面板设置图形对象的填充属性，效果如图4-17所示。

图4-17　伞

4.2 文化用品

本实例讲解如何利用渐变颜色填充文化用品，效果如图4-18所示。

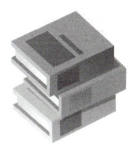

图4-18 利用渐变颜色填充文化用品

4.2.1 知识要点

本实例主要讲解通过选择工具选中图形对象，通过"渐变"和"颜色"面板更改填充属性，重点掌握如何添加渐变色块以及对渐变工具的使用。

4.2.2 实现步骤

1）打开"素材"→"Cha04"→"文化用品.ai"文件，如图4-19所示。

2）选择书的封面，即蓝色的线条，如图4-20所示。

图4-19 打开素材文件　　　　图4-20 选择书的封面

3）打开"渐变"面板，将"类型"设置为"线性"，将0%位置处的RGB值设置为

"0、172、236",将100%位置处的RGB值设置为"113、122、186",将"角度"设置为"18°",将"描边颜色"设置为无,如图4-21所示。

4)选择书的背面,即红色的线条,如图4-22所示。

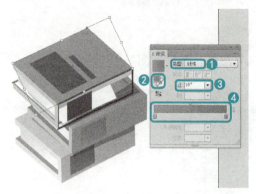 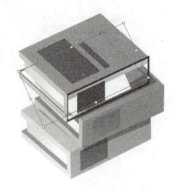

图4-21 设置封面的渐变颜色　　　　　　　图4-22 选择书的背面

5)打开"渐变"面板,将"类型"设置为"线性",将0%位置处的RGB值设置为"26、60、149",将100%位置处的RGB值设置为"113、122、186",将"角度"设置为"-137.6°",将"描边颜色"设置为无,如图4-23所示。

6)选择书脊,即黑色的线条,如图4-24所示。

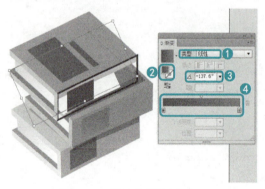 

图4-23 设置书背的渐变颜色　　　　　　　图4-24 选择书脊

7)打开"渐变"面板,将"类型"设置为"线性",将0%位置处的RGB值设置为"26、60、149",将100%位置处的RGB值设置为"113、122、186",将"角度"设置为"-136°",将"描边颜色"设置为无,如图4-25所示。

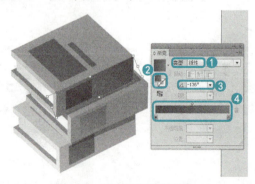

图4-25 设置书脊的渐变颜色

4.2.3 知识解析

渐变颜色填充是指两种以上的颜色之间相互混合的填充方式，渐变是在一个或多个对象中创建颜色平滑过渡的方法，渐变可以存储为色板，以便将其应用到其他的对象。

"渐变"面板用来应用、创建和修改渐变。单击工具箱中的"渐变"按钮 或选择"窗口"→"渐变"命令，可以打开"渐变"面板，如图4-26所示。

1）"渐变选项框"：显示了当前的颜色和渐变的类型。单击此框时将使用渐变来填充当前选择的对象。

2）"类型"：在该选项的下拉列表中包含两种渐变类型，分别是线性和径向。图4-27所示为"线性"渐变，图4-28所示为"径向"渐变。

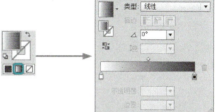

图4-26 打开"渐变"面板

图4-27 "线性"渐变

图4-28 "径向"渐变

> **提示**
>
> ▶ 在使用线性渐变时，渐变颜色条最左侧的颜色为渐变色的起始颜色，最右侧的颜色为渐变色的终止颜色；使用径向渐变时，最左侧的渐变滑块定义了颜色填充的中心点，其呈现辐射状向外逐渐过渡到最右侧的渐变滑块颜色。

3）"角度"：选择线性渐变后，可在该文本框中输入渐变方向的角度。

4）"位置"：选择中点或渐变滑块后，可在该文本框中输入0～100之间的数值来定位中点和滑块的位置。

5）"中点|渐变滑块"：渐变滑块用来设置渐变的颜色和颜色的位置，中点用来定义两个渐变滑块中颜色的混合位置。

4.2.4 自主练习——甜蜜恋人

本实例首先打开"素材"→"Cha04"→"甜蜜恋人.ai"文件,通过"选择工具"选中图形对象,通过"渐变"和"颜色"面板更改填充的属性,从而完成效果的制作,效果如图4-29所示。

图4-29 渐变填充效果图

4.3 "描边"面板

本实例主要讲解"描边"面板的使用,使用户进一步巩固"矩形工具"及对象排列命令的使用,效果如图4-30所示。

图4-30 为图形描边后的效果

第4章 填充与描边图形对象

4.3.1 知识要点

本例重点在于掌握"描边"面板中设置虚线线段的方法。

4.3.2 实现步骤

1）打开"素材"→"Cha04"→"描边.ai"文件，如图4-31所示。

2）使用"矩形工具"，在页面中单击，此时弹出"矩形"对话框，在对话框中设置矩形的"宽度"为"800px"，"高度"为"910px"，单击"确定"按钮，如图4-32所示。

图4-31 打开素材文件

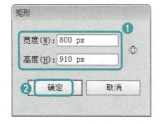

图4-32 "矩形"对话框

3）此时通过数值绘制好的矩形效果如图4-33所示。

4）通过"颜色"面板设置矩形的"填充颜色"的CMYK值为"3、3、8、0"，"描边颜色"的CMYK值为"27、85、76、14"，设置填充颜色后的效果如图4-34所示。

图4-33 绘制矩形

图4-34 设置填充颜色后的效果

5)选择"窗口"→"描边"命令,此时弹出"描边"面板,如图4-35所示。

6)使用"选择工具",单击选择矩形,选择"对象"→"排列"→"置于底层"命令,将所选择对象移到所有对象的最下面,如图4-36所示。

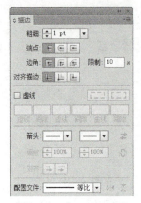
图4-35 "描边"面板

图4-36 执行"置于底层"命令后的效果

4.3.3 知识解析

"描边"属性:

1)"粗细":用来设置轮廓线的宽度,还可以通过工具选项属性栏设置轮廓线的粗细。

2)"端点":用来设置轮廓线中各线段的开始和结尾的形状,有平头端点、圆头端点和方头端点3种不同的顶点样式,平头端点是系统默认的样式。

3)"边角":用来设置轮廓线的拐点,即轮廓线的拐角形状。有斜接连接、圆角连接和斜角连接3种拐角样式。

4)"虚线":用来设置轮廓线的虚线效果。虚线是指虚线线段的长短,间隔是指虚线线段之间的间距。

5)"对齐描边":其中包括使描边居中对齐、使描边内侧对齐、使描边外侧对齐3种对齐方式。

6)"限制":用来设置斜角的长度,它将决定笔画沿路径改变方向时伸展的长度。

4.3.4 自主练习——心形标签

本实例通过心形标签的设计制作,主要讲解"钢笔工具"和"描边"面板的使用,巩固通过"描边"面板设置虚线样式,效果如图4-37所示。

1)打开"素材"→"Cha04"→"心形标签.ai"文件。

2)使用"钢笔工具"绘制心形。

3)将"填充颜色"设置为无,将"描边颜色"的RGB值设置为"27、117、187"。

4)打开"描边"面板,将"粗细"设置为"0.2pt",勾选"虚线"复选框,将"虚线"和"间隙"都设置为"0.5pt"。

图4-37 心形标签

4.4 坐椅

本例主要讲解使用"选择工具"选中图形对象,通过渐变网格工具设置图形对象的填充属性,效果如图4-38所示。

图4-38 坐椅效果图

4.4.1 知识要点

本节重点掌握渐变网格工具的使用方法。

4.4.2 实现步骤

1)打开"素材"→"Cha04"→"坐椅.ai"文件,如图4-39所示。

2)使用"网格工具" ,选择小椭圆,指向图形内部并单击,分别增加横向网格线和纵向网格线，如图4-40所示。

图4-39　打开素材文件

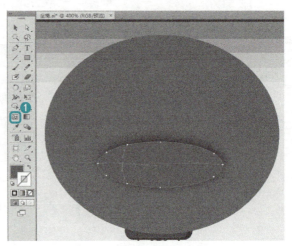

图4-40　创建横向和纵向网格线

3）选择网格点，将"颜色"面板中的RGB值设置为"224、92、18"，如图4-41所示。

4）使用"直接选择工具"，按住<Shift>键，选择椭圆的外侧所有网格点，将"颜色"面板中的RGB值设置为"178、0、0"，如图4-42所示。

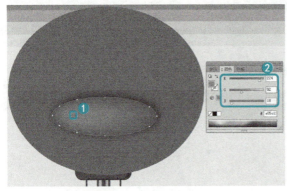

图4-41　设置网格点颜色1

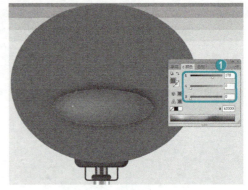

图4-42　设置网格点颜色2

5）选择如图4-43所示的椭圆。

6）向上移动椭圆的位置，如图4-44所示。

7）使用"网格工具" ，指向图形内部并单击，分别增加横向网格线和纵向网格线，如图4-45所示。

8）选择如图4-46所示的网格点，在"颜色"面板中，将RGB值设置为"175、0、0"。

9）选择如图4-47所示的网格点，将RGB值设置为"112、0、0"。

10）按住<Shift>键，选择如图4-48所示的网格点，将RGB值设置为"229、89、12"。

图4-43 选择椭圆

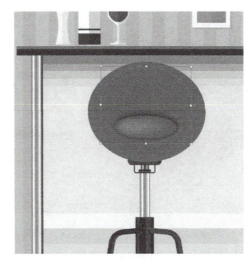
图4-44 调整椭圆的位置

图4-45 创建横向和纵向网格线

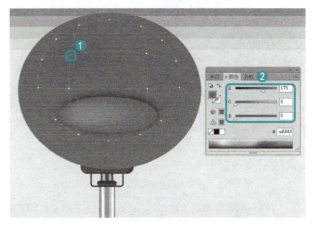
图4-46 选择网格点并设置颜色1

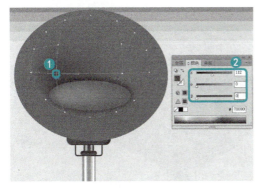
图4-47 选择网格点并设置颜色2

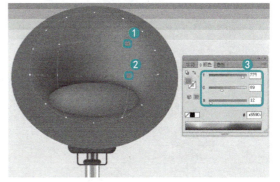
图4-48 选择网格点并设置颜色3

11)按住<Shift>键,选择外侧的所有网格点,将RGB值设置为"201、0、0",如图4-49所示。

12)选择坐椅外侧的椭圆,使用"网格工具" ,指向图形内部并单击,分别增加横向网格线和纵向网格线,如图4-50所示。

— 85 —

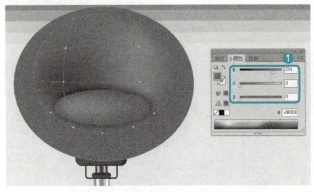
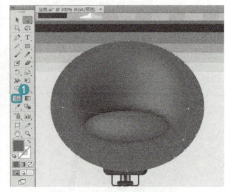

图4-49 选择网格点并设置颜色　　　　　图4-50 创建横向和纵向网格线

13）选择如图4-51所示的网格点，将RGB值设置为"255、131、69"。

14）选择如图4-52所示的网格点，将RGB值设置为"194、0、0"。

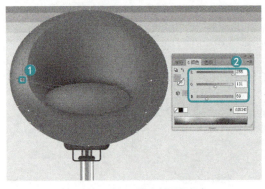

图4-51 选择网格点并设置颜色　　　　　图4-52 选择网格点并设置颜色

15）选择如图4-53所示的网格点，将RGB值设置为"157、0、0"。

16）选择如图4-54所示的网格点，将RGB值设置为"119、0、0"。

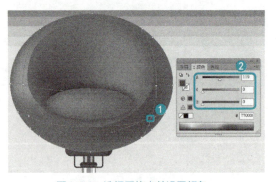

图4-53 选择网格点并设置颜色　　　　　图4-54 选择网格点并设置颜色

17）按住<Shift>键，选择椭圆外侧的所有网格点，将RGB值设置为"201、0、0"，如图4-55所示。

18）使用同样的方法设置另一个坐椅的网格点，通过"颜色"面板设置坐椅的颜色，如图4-56所示。

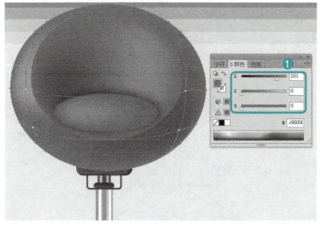

图4-55　选择网格点并设置颜色　　　　　　　图4-56　最终效果

4.4.3　知识解析

新建一个空白文档，选择"椭圆工具"，在页面中合适的位置单击，此时弹出"椭圆"对话框，在对话框中进行如图4-57所示的参数设置，设置完成后单击"确定"按钮，绘制完成后的效果如图4-58所示。

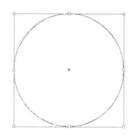

图4-57　"椭圆"对话框　　　　图4-58　绘制完成后的椭圆

通过"颜色"面板设置对象的填充颜色，效果如图4-59所示。激活"笔触"按钮，单击"颜色"面板中的"无"按钮，如图4-60所示。

> **提示**
>
> ▶ 激活"笔触"按钮的快捷键为<X>。

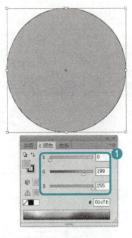 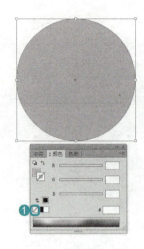

图4-59 设置对象的填充对象　　　图4-60 设置笔触的颜色为无色

> **提示**
>
> ▶ 一个完整的渐变网格物体是由网格点和网格线（横向网格线和纵向网格线）组成的。4个网格点组成一个网格片，在非矩形物体的边缘，3个网格点就可以组成一个网格片，网格点和网格点上手柄的移动会影响颜色的分布。

　　使用"网格工具" ，将光标移到填充好的椭圆对象的内部，此时光标变成 形状，在椭圆对象上单击即可创建一个简单的渐变网格物体，效果如图4-61所示。此时椭圆内部各增加了一条横向网格线和纵向网格线，网格线相交形成的网格点会自动填上当前的前景色。

　　如果不想让它自动填充，则可以选择网格点，通过"颜色"或"色板"面板直接选择相应的颜色进行修改，如图4-62所示。

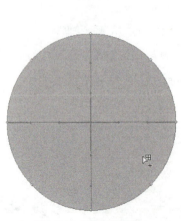 

图4-61 创建渐变网格　　　图4-62 "颜色"面板设置网格点颜色

将光标移到横向网格线上单击,此时将添加一条纵向网格线,相反,指向纵向网格线单击,将添加一条横向网格线,如图4-63所示。

为椭圆分别添加两条横向网格线和两条纵向网格线,如图4-64所示。

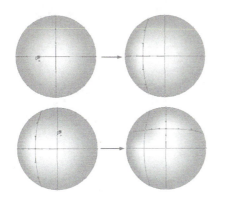
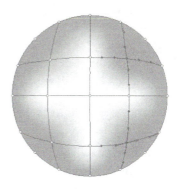

图4-63　自动添加纵向网格线和横向网格线　　　　图4-64　增加网格线后的效果

使用"网格工具"单击网格点可将其选择,通过"色板"面板设置颜色,如果同时要更改多个网格点的颜色,则可通过"直接选择工具"配合按<Shift>键单击要更改颜色的网格点,再通过"色样"面板设置颜色,如图4-65所示。

通过"直接选择工具"单击椭圆外边缘的节点,通过"色板"面板设置颜色,如图4-66所示。

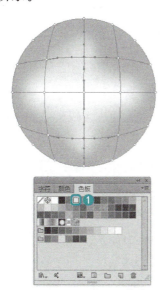
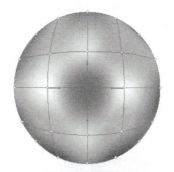
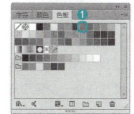

图4-65　通过"色板"面板设置多个网格点颜色　　　图4-66　更改网格点颜色后的椭圆效果

使用"多边形工具",在页面中按住<Shift>键拖拽鼠标绘制一个正立的多边形,通过"色板"面板设置颜色,如图4-67所示。

使用"选择工具"单击选择多边形,选择"对象"→"创建渐变网格"命令,此时弹出"创建渐变网格"对话框,在对话框中输入相应的"行"和"列",通过单击"预览"按钮可以查看设置后的图像效果,设置完成后单击"确定"按钮,如图4-68所示。

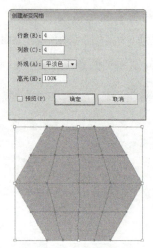

图4-67 绘制正立的多边形　　　　图4-68 "创建渐变网格"对话框及勾选"预览"复选框后的效果

使用"直接选择工具",单击选择相应的网格点,通过"颜色"面板设置颜色,最终效果如图4-69所示。

知识链接

▶ "创建渐变网格"对话框中的"外观"选项用于创建简单的高光效果,包括3个选项设置。"平淡色"是将对象的原始颜色均匀应用于表面,没有高光效果,如图4-70所示。

图4-69 更改后的效果　　　　图4-70 "平淡色"外观效果

"至中心"可创建一个位于对象中心的高光,如图4-71所示。

"至边缘"创建一个位于对象边缘的高光,如图4-72所示。

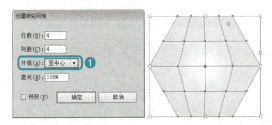
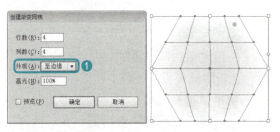

图4-71 "至中心"外观效果　　　　图4-72 "至边缘"外观效果

4.4.4 自主练习——辣椒

本实例打开"素材"→"Cha04"→"辣椒素材.ai"文件，增加和删除横向及纵向网格线，更改渐变网格点的颜色，达到最终效果，如图4-73所示。

图4-73　渐变网格填充效果图

4.5　气球生日贺卡

本实例讲解如何完善气球生日贺卡细节，效果如图4-74所示。

图4-74　缤纷气球生日贺卡

4.5.1 知识要点

本例主要讲解使用"选择工具"选中图形对象，通过"渐变"和"颜色"面板设置图形对象的填充属性。

4.5.2 实现步骤

1）打开"素材"→"Cha04"→"缤纷气球生日贺卡.ai"文件,如图4-75所示。
2）按住<Shift>键,选择素材中的"HAPPY"文字,如图4-76所示。

图4-75　打开素材文件　　　　　　　　　图4-76　选择文字

3）在菜单栏中选择"对象"→"隐藏"→"所选对象"命令,如图4-77所示。
4）隐藏文字后,选择如图4-78所示的图形。

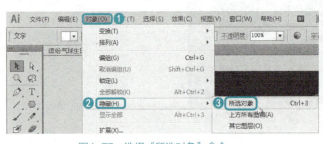

图4-77　选择"所选对象"命令　　　　　　图4-78　选择图形对象

5）打开"渐变"面板,将"类型"设置为"线性",将"角度"设置为"-83°",将0%位置处的RGB值设置为"255、135、66",将55%位置处的RGB值设置为"200、49、76",将100%位置处的RGB值设置为"253、133、66",如图4-79所示。

6）选择如图4-80所示的图形。

7）在"渐变"面板中将"类型"设置为"线性",将"角度"设置为"-105°",将5%位置处的RGB值设置为"255、212、15",将58%位置处的RGB值设置为"232、

116、6",将100%位置处的RGB值设置为"252、206、14",如图4-81所示。

8)选择如图4-82所示的图形。

图4-79 设置渐变颜色

图4-80 选择图形对象

图4-81 设置渐变颜色

图4-82 选择图形对象

9)在"渐变"面板中将"类型"设置为"线性",将"角度"设置为"-98°",将0%位置处的RGB值设置为"193、246、0",将55%位置处的RGB值设置为"57、140、10",将100%位置处的RGB值设置为"169、227、2",如图4-83所示。

10)选择如图4-84所示的图形。

11)在"渐变"面板中将"类型"设置为"线性",将"角度"设置为"-90°",将0%位置处的RGB值设置为"0、154、223",将100%位置处的RGB值设置为"0、54、92",如图4-85所示。

12)选择如图4-86所示的图形。

13)在"渐变"面板中将"类型"设置为"线性",将"角度"设置为"-93°",将0%位置处的RGB值设置为"255、66、160",将50%位置处的RGB值设置为"149、35、169",将100%位置处的RGB值设置为"242、62、161",如图4-87所示。

14）按<Alt+Ctrl+3>组合键，显示所有隐藏的图形对象，最终效果如图4-88所示。

图4-83　设置渐变颜色

图4-84　选择图形对象

图4-85　设置渐变颜色

图4-86　选择图形对象

图4-87　设置渐变颜色

图4-88　最终效果

4.5.3 知识解析

在Illustrator中,提供了大量的应用颜色与渐变工具,包括工具箱、色板面板、颜色面板、拾色器和吸管工具等,可以方便地将颜色与渐变应用于绘制的对象与文字内。描边将颜色应用于轮廓,填充将颜色、渐变等应用于填充对象。

1. 通过"拾色器"对话框选择颜色

通过"拾色器"对话框,可以以数字方式指定颜色,也可以通过设置RGB、Lab或CMYK颜色模型来定义颜色。在工具箱、颜色面板或色板面板中,双击"填色"□或"描边"□,弹出"拾色器"对话框,如图4-89所示。要定义颜色,请执行下列操作之一:

1)在RGB色彩条中,可以单击或拖动其右方的滑块选择颜色。

2)在HSB、RGB、CMYK右侧的文本框中输入相应的颜色的值,即可选择需要的颜色。

3)♯:根据所选择的颜色分量文本框。

4)"颜色色板":单击该按钮后,将会打开"颜色色板"对话框,如图4-90所示。

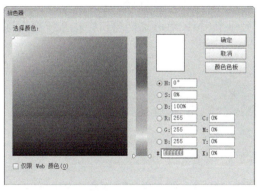
图4-89 "拾色器"对话框

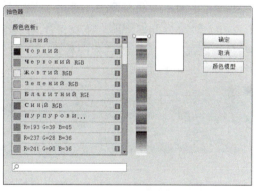
图4-90 使用"颜色色板"对话框

2. 应用最近使用的颜色

工具箱下方的□□□显示最近应用过的颜色或渐变色块,这时可以直接单击工具箱应用该颜色或渐变。要应用最近使用的颜色,可以执行下列操作:

1)选择要着色的对象或文本,如图4-91所示(该对象并无提供,读者可自行设计)。

2)在工具箱中,根据要着色的文本或对象部分,单击"填色"□或"描边"□。

3)执行下列操作之一便可得到不同的效果,如果选择的是单击颜色□按钮,效果如图4-92所示。

1）单击颜色按钮，将应用最近在色板或颜色面板中选择的纯色。

2）单击渐变按钮，将应用最近在色板或颜色面板中的渐变。

3）单击无按钮，将移去对该对象的填色或描边效果。

图4-91　选择着色的对象

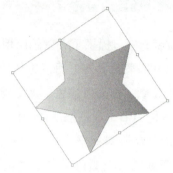
图4-92　使用最近颜色填充后的效果

3. 通过拖动应用颜色

应用颜色或渐变的简单方法是将其颜色源拖动到对象或面板中，该操作不必首先选择对象就可将颜色或渐变应用于对象，通过拖动应用颜色为其填充颜色。

可以执行下列操作之一，拖动颜色或渐变到下列对象上应用颜色或渐变。

1）要对路径进行填色、描边或渐变，可将填色、描边或渐变拖动到路径上，再释放鼠标。

2）将填色、描边或渐变拖动到色板面板中，可以将其创建为色板。

3）将色板面板中的一个或多个色板拖动到另一个Illustrator文档窗口中，系统将把这些色板添加到该文档的色板面板中。

4.5.4 自主练习——篮球

本实例主要讲解使用"选择工具"选中图形对象，通过"颜色"面板设置图形对象的填充属性，效果如图4-93所示。

1）启动Illustrator CC软件，选择"文件"→"打开"命令，打开"素材"→"Cha04"→"篮球.ai"文件。

2）选择篮球架对象，在"颜色"面板中设置所选对象的"填充颜色"的RGB值为"185、46、36"，并将"描边"属性设置为无色。

3）选择篮球外围的图形对象，在"颜色"面板中设置所选对象的"填充颜色"的RGB值为"231、124、0"，并将"描边"属性设置为无色。

图4-93　篮球的效果图

4）选择篮球上月牙形的图形对象，在"渐变"面板中设置所选对象的"渐变颜色"，将第一个色块的RGB值设置为"255、170、63"，在颜色条板上单击添加色块并将该色块的RGB值设置为"212、171、0"，将第三个色块的RGB值设置为"241、255、106"，并将"描边"属性设置为无色。

5）选择篮球上圆形的图形对象，在"渐变"面板中设置所选对象的"渐变颜色"，将第一个色块的RGB值设置为"255、115、0"，将第二个色块的RGB值设置为"229、148、3"，并将"描边"属性设置为无色。

6）选择整个篮球对象，对其进行编组。

4.6　盆花

本例首先对盆花文件进行填充，然后通过"吸管工具"吸取颜色，完善盆花效果如图4-94所示。

图4-94　盆花的效果图

4.6.1　知识要点

本实例主要讲解使用"选择工具"选中图形对象，通过"颜色"面板设置图形对象的填充和描边属性。

4.6.2　实现步骤

1）启动Illustrator CC软件，选择"文件"→"打开"命令，打开"素材"→"Cha04"→"盆花.ai"文件,如图4-95所示。

2)使用"选择工具",单击选择第一个花盆对象,如图4-96所示。

图4-95 打开素材文件

图4-96 选择对象

3)通过"颜色"面板将所选对象的"填充颜色"的RGB值设置为"92、57、0",如图4-97所示。

4)将"描边粗细"设置为"0.01pt",如图4-98所示。

图4-97 更改填充颜色

图4-98 更改描边属性

5)使用"选择工具",单击选择第一束花的花瓣对象,如图4-99所示。

6)在菜单栏中选择"选择"→"相同"→"外观"命令,选择后的效果,如图4-100所示。

7)在"颜色"面板中将描边属性设置为无色,效果如图4-101所示。

8)使用"选择工具",单击选择第二束花的花盆对象,效果如图4-102所示。

9)在"颜色"面板中将所选对象的RGB值设置为"130、58、0",效果如图4-103所示。

10)将"描边粗细"设置为"0.01pt",效果如图4-104所示。

11)继续使用"选择工具",单击选择第三个花盆对象,如图4-105所示。

12)使用"吸管工具",单击第二个花盆对象,效果如图4-106所示。

13）继续使用"选择工具"，单击选择第四个花盆对象，如图4-107所示。

14）使用"吸管工具"，单击第二个花盆对象，效果如图4-108所示。

图4-99　选择对象

图4-100　选择相同对象

图4-101　设置描边属性

图4-102　选择对象

图4-103　更改填充颜色

图4-104　更改描边属性

图4-105　选择对象

图4-106 使用"吸管工具"改变颜色

图4-107 选择对象

图4-108 使用"吸管工具"改变颜色

4.6.3 知识解析

使用"吸管工具"的技巧分为四种，下面将详细讲解。

"吸管工具"技巧一：

如何将左边的星形中的玫红色，复制到右边的星形中？

1）使用"选择工具"，单击选择右边的星形，如图4-109所示。

2）使用"吸管工具"，光标变为一支吸管，在左边星形对象上单击，就可以将左边星形的玫红色复制填充到右边星形上，如图4-110所示。

图4-109 选择右边的星形

图4-110 使用"吸管工具"复制颜色

"吸管工具"技巧二：

如何将左边星形的填充色：玫红色复制到右边星形的轮廓上面。操作方法如下：

1）使用"选择工具"，单击选择右边的星形，如图4-111所示。

2）单击工具箱中的按钮 ，将"轮廓色"放在上方，如图4-112所示

3）使用"吸管工具"，光标变为一支吸管，按住<Shift>键，在星形上单击吸取颜色，这样就可以将吸取的颜色放在"轮廓色"上，右边矩形轮廓就是红色的了，如图4-113

所示。

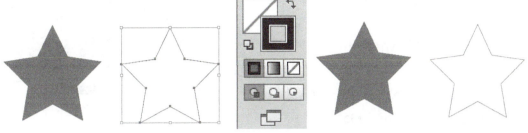

图4-111 选择右边的星形　　图4-112 将"轮廓色"放在上方　　图4-113 使用"吸管工具"复制颜色

"吸管工具"技巧三：

如何将右边的文字也变为与左边的文字一样的字体、字号、颜色呢？方法如下：

1）使用"选择工具"，单击选择右边的文字，如图4-114所示。

2）使用"吸管工具"，光标变为一支吸管，在左边的文字上单击，就可以将左边文字的样式复制到右边文字上面来，如图4-115所示。

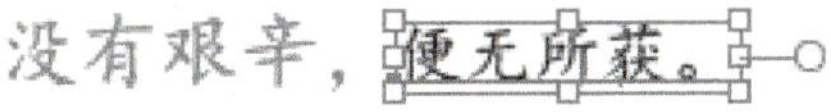

没有艰辛，便无所获。　　　　没有艰辛，便无所获。

图4-114 选择右边的文字 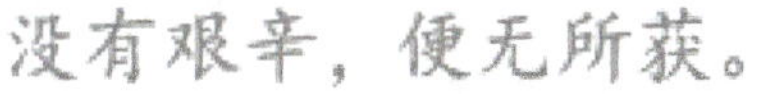　　　　图4-115 使用"吸管工具"复制文字

"吸管工具"技巧四：

"吸管工具"强大之处还在于可以吸取Illustrator软件界面之外的颜色。方法如下：

1）使用"选择工具"，选择要改变颜色的图形，如图4-116所示。

2）使用"吸管工具"，按住鼠标左键不放，将光标移到Illustrator界面之外的任意目标颜色处，释放鼠标，即可将吸取的颜色填充到需要改变颜色的图像上面，如图4-117所示。

图4-116 选择图形　　　　　　　图4-117 完成后的效果

4.6.4 自主练习——卡通玩具汽车

本实例主要讲解使用"选择工具"选中图形对象，通过"渐变"和"颜色"面板设置

图形对象的填充属性，效果如图4-118所示。

1）打开"素材"→"Cha04"→"卡通玩具汽车.ai"文件。

2）选择车身的上半部分，打开"渐变"面板，将"类型"设置为"线性"，将"角度"设置为"86°"，将0%位置处的RGB值设置为"255、208、135"，将100%位置处的RGB值设置为"236、22、83"。

图4-118　卡通玩具汽车

3）选择车身的下半部分。打开"渐变"面板，将"类型"设置为"线性"，将"角度"设置为"86°"，将0%位置处的RGB值设置为"236、22、83"，将100%位置处的RGB值设置为"255、222、130"。

4）选择车门对象，使用"吸管工具"吸取车身的下半部分颜色，在"渐变"面板中将"角度"设置为"86°"。

5）选择图形对象。打开"渐变"面板，将"类型"设置为"径向"，将0%位置处的RGB值设置为"255、222、130"，将100%位置处的RGB值设置为"221、225、30"。

6）选择图形对象。打开"渐变"面板，将"类型"设置为"径向"，将70%位置处的RGB值设置为"0、153、142"，将100%位置处的RGB值设置为"0、90、68"。

7）使用"吸管工具"为右侧的车轮吸取颜色，完成最终效果。

第5章 钢笔与路径

【本章导读】

基础知识
◇ 平滑点
◇ 角点

重点知识
◇ 热气球
◇ 圣诞蜡烛

提高知识
◇ 物流公司Logo

本章主要介绍钢笔工具和路径菜单命令的使用，通过本章的学习，可以使用户轻松编辑路径、熟练掌握钢笔工具组在实际工作中的应用。

5.1 热气球

本实例将使用"钢笔工具"绘制热气球,其效果如图5-1所示。

图5-1 热气球效果图

5.1.1 知识要点

本例使用户掌握"钢笔工具"的使用,通过"渐变"和"颜色"面板设置图形的填充属性,了解"透明度"面板的使用。

5.1.2 实现步骤

1)新建一个空白文件。使用"钢笔工具"绘制图形,可使用"直接选择工具"对节点进行移动或修改操作,如图5-2所示。

2)打开"渐变"面板,将"类型"设置为"线性",将"角度"设置为"-90°",将0%位置处的RGB值设置为"237、123、132",将100%位置处的RGB值设置为"207、22、106",将"描边颜色"设置为无色,如图5-3所示。

3)使用"钢笔工具"在页面中绘制图形,可以使用"直接选择工具"对节点进行移动或修改操作,如图5-4所示。

4)使用"选择工具"选择图形,将其移动至如图5-5所示的位置处。

5)通过"渐变"和"颜色"面板分别设置图形的"填充颜色"和"描边颜色",如图5-6所示。

图5-2 绘制热气球轮廓

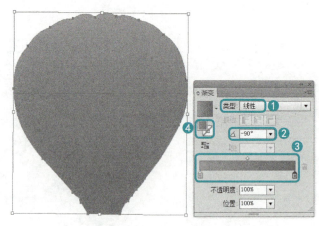

图5-3 设置热气球渐变颜色

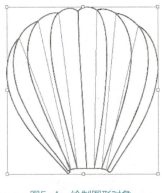

图5-4 绘制图形对象

图5-5 调整位置

图5-6 设置渐变颜色

6）使用"钢笔工具"在页面中绘制图形，可通过"直接选择工具"对相应的节点进行移动或修改，如图5-7所示。

7）将渐变的"类型"设置为"径向"，将25%位置的RGB值设置为"229、229、229"，将100%位置处的RGB值设置为"4、0、0"，将"描边颜色"设置为无色，如图5-8所示。

8）使用"选择工具"拖拽选择图形，将其移动至如图5-9所示的位置处。

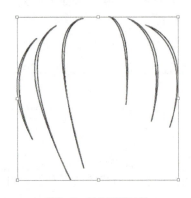

图5-7 绘制图形对象

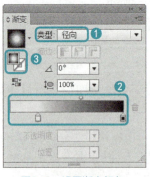

图5-8 设置渐变颜色

图5-9 调整对置

9）将"不透明度"下方的"混合模式"设置为"滤色"，如图5-10所示。

10）使用"椭圆工具"在页面中拖拽分别绘制多个椭圆，对椭圆对象进行适当旋转，如图5-11所示。

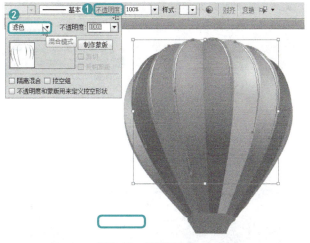

图5-10　设置混合模式　　　　　　　图5-11　绘制椭圆

11）将渐变的"类型"设置为"径向"，将25%位置的RGB值设置为"229、229、229"，将100%位置处的RGB值设置为"4、0、0"，将"描边颜色"设置为无色，如图5-12所示。

12）将"不透明度"下方的"混合模式"设置为"滤色"，如图5-13所示。

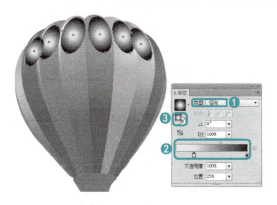 

图5-12　设置渐变颜色　　　　　　　图5-13　设置混合模式

13）使用"钢笔工具"在页面中绘制图形，在绘制过程中可通过"直接选择工具"对相应的节点进行移动或修改，如图5-14所示。

14）将渐变的"类型"设置为"线性"，将0%位置的RGB值设置为"236、123、130"，将100%位置处的RGB值设置为"206、19、105"，将"描边颜色"设置为无色，如图5-15所示。

15）使用"选择工具"单击选择图形，并将其移动至如图5-16所示的位置处。

16）使用"椭圆工具"和"钢笔工具"绘制图形对象，选中如图5-17所示的图形对象，将"不透明度"下方的"混合模式"设置为"正片叠底","不透明度"设置为"50%"。

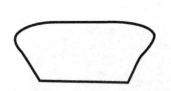

图5-14 绘制图形对象

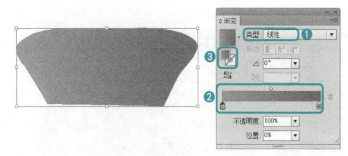

图5-15 设置渐变颜色

图5-16 移动对象的位置

图5-17 绘制图形并设置混合模式

17)按住<Shift>键选择绘制的图形对象,将"颜色"面板中"填充颜色"的RGB值设置为"0、64、121",将"描边颜色"设置为无,如图5-18所示。

18)使用"钢笔工具"绘制图形,通过"直接选择工具"对相应的节点进行移动或修改,如图5-19所示。

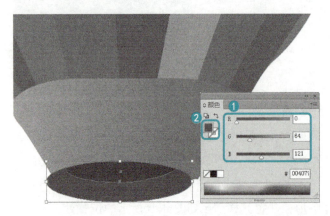

图5-18 设置填充颜色

图5-19 绘制图形对象

19）通过"渐变"和"颜色"面板设置图形的"填充颜色"和"描边颜色",如图5-20所示。

20）使用"直线段工具"绘制多条直线,打开"颜色"面板,将"填充颜色"的RGB值设置为"152、112、37",将"描边颜色"设置为无,如图5-21所示。

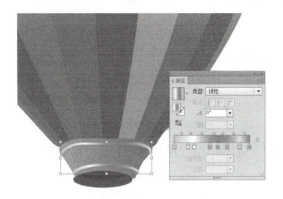 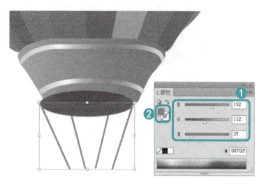

图5-20　设置渐变颜色　　　　　　　　图5-21　绘制直线段

21）使用"圆角矩形工具"在页面中绘制图形,如图5-22所示。

22）使用"矩形工具"绘制图形,然后通过"直接选择工具"对相应的节点进行移动,如图5-23所示。

 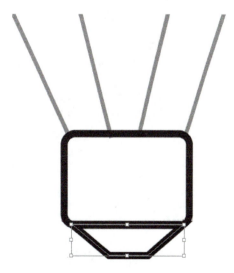

图5-22　绘制圆角矩形　　　　　　　图5-23　绘制矩形并调整节点位置

23）使用"选择工具",选择图形对象,打开"渐变"面板,将"类型"设置为"线性",将0%位置处的RGB值设置为"222、186、133",将100%位置处的RGB值设置为"153、91、36",将"描边颜色"设置为无色,如图5-24所示。

24）选择下方的图形对象,按<Ctrl+C>组合键进行复制,按<Ctrl+F>组合键贴在前面,将复制后的对象选中,将"不透明度"下方的"混合模式"设置为"正片叠底",如图5-25所示。

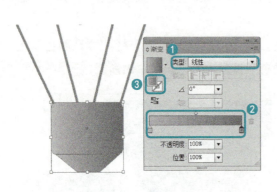
图5-24　设置渐变颜色

图5-25　设置混合模式

25）使用"选择工具"框选所有图形，然后对其进行编组。打开"素材"→"Cha05"→"热气球.ai"文件，如图5-26所示。

26）将绘制好的热气球拖拽至素材文档中，适当旋转热气球的角度，如图5-27所示。

图5-26　打开素材文件

图5-27　最终效果

5.1.3 知识解析

路径和锚点是矢量图形的显著特点，使用Illustrator CC可以方便地绘制复杂的图形。路径在图形绘制过程中应用广泛，特别是在特殊图形的绘制方面，路径工具有着强大的功能性、灵活的可编辑性和可操作性。

路径由一条或多条直线或曲线线段组成，每条线段的起点和终点由锚点（也叫节点或端点）链接。通过调整路径中的锚点位置、方向线控制手柄（位于锚点处出现的方向线）或路径本身，可以改变路径的形状。

图5-28所示为图形的路径和锚点构成示意图，小鱼除了眼睛之外是一个由若干个锚

点和线段组成的封闭路径，类似B处和C处的节点为锚点，其中B处的锚点为平滑锚点，连接两条平滑曲线，C处的锚点为尖角锚点，此处路径突然改变方向，尖角锚点可以任意连接两条直线段或曲线段。A处为方向线，方向线始终与锚点处的曲线相切（与半径垂直），每条方向线的角度决定曲线的斜度，每条方向线的长度决定曲线的高度或深度。D处为方向线控制手柄，用以控制方向线。

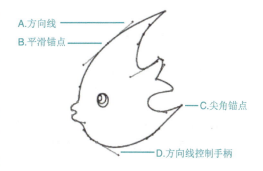

图5-28　图形的路径和锚点构成示意图

5.1.4 自主练习——万圣节插画

本例学习万圣节插画的绘制，从而学习"钢笔工具"的使用方法，掌握设置不透明度的技法，效果如图5-29所示。其简要步骤如下：

1）首先通过绘制矩形和设置渐变颜色来制作背景。

2）然后使用"钢笔工具"和"椭圆工具"绘制树枝、月亮和建筑等对象。

3）通过"颜色"面板填充颜色，完成最终效果。

图5-29　万圣节插画

5.2　圣诞蜡烛

下面学习圣诞蜡烛的制作方法，效果如图5-30所示。

图5-30　圣诞蜡烛效果图

5.2.1 知识要点

本例通过制作圣诞蜡烛来讲解"钢笔工具""基本绘图工具""渐变"和"颜色"面板的使用,可以使读者进一步掌握图形对象的基本操作命令。

5.2.2 实现步骤

1)使用"矩形工具"在页面中合适的位置单击,在弹出的"矩形"对话框中设置矩形的"宽度"和"高度",单击"确定"按钮,如图5-31所示。

2)绘制矩形后的效果如图5-32所示。

3)使用"椭圆工具"在页面中单击,在弹出的"椭圆"对话框中分别设置"宽度"和"高度"参数,最后单击"确定"按钮,如图5-33所示。

4)使用"选择工具"调整椭圆的位置,如图5-34所示。

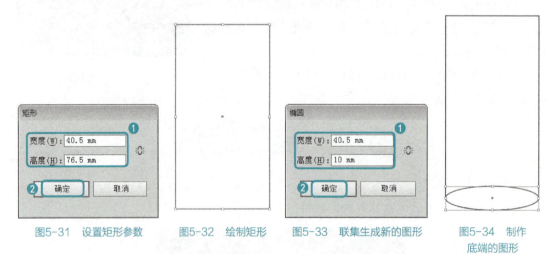

图5-31 设置矩形参数　　图5-32 绘制矩形　　图5-33 联集生成新的图形　　图5-34 制作底端的图形

5)使用"选择工具"选择两个图形对象,单击"路径查找器"面板中的"联集"按钮,此时生成新的对象,如图5-35所示。

6)使用"椭圆工具"在页面中单击,在打开的"椭圆"对话框中设置椭圆的"宽度"为"40.5mm","高度"为"10mm",并将其移动至圆柱体的顶端,如图5-36所示。

7)选择绘制的椭圆,打开"渐变"面板,将"类型"设置为"线性",将"角度"

设置为"180°",将0%位置处的RGB值设置为"255、249、177",将100%位置处的RGB值设置为"208、154、76",将"描边颜色"设置为无,如图5-37所示。

8)选择联集后的对象,在"渐变"面板中,将"类型"设置为"线性",将0%位置处的RGB值设置为"255、249、177",将12%位置处的RGB值设置为"208、154、76",将65%位置处的RGB值设置为"255、249、177",将100%位置处的RGB值设置为"208、154、76",将"描边颜色"设置为无,如图5-38所示。

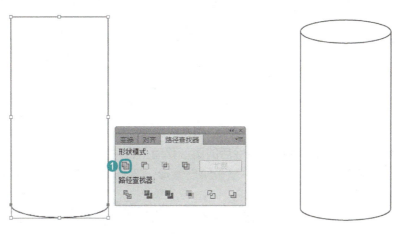

图5-35 设置图形"渐变"和"颜色"属性　　　　图5-36 绘制椭圆

图5-37 设置渐变颜色　　　　图5-38 设置渐变颜色

9)使用"钢笔工具"在页面中单击绘制图形,在绘制过程中可以通过"直接选择工具"对节点进行修改,如图5-39所示。

10)在"渐变"面板中,将"类型"设置为"线性",将0%位置处的RGB值设置为"232、77、20",将18%位置处的RGB值设置为"163、0、0",将50%位置处的RGB值设置为"229、0、18",将74%位置处的RGB值设置为"237、118、17",将100%位置处的RGB值设置为"229、0、18",将"描边颜色"设置为无色,如图5-40所示。

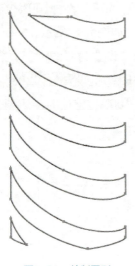

图5-39 绘制图形

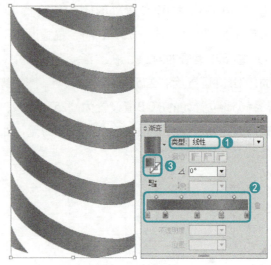

图5-40 设置渐变颜色

11）使用"选择工具"将填充属性后的图形移动至合适的位置，如图5-41所示。

12）使用"钢笔工具"在页面中单击绘制图形，通过"直接选择工具"对节点进行修改，如图5-42所示。

13）通过"渐变"和"颜色"面板设置图形的"填充颜色"和"描边颜色"，如图5-43所示。

14）使用"选择工具"将设置完成填充属性后的图形移动至图5-44所示的位置处。

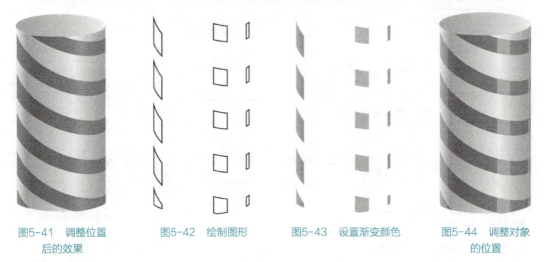

图5-41 调整位置后的效果　　图5-42 绘制图形　　图5-43 设置渐变颜色　　图5-44 调整对象的位置

15）使用"钢笔工具"在页面中单击绘制图形，通过"直接选择工具"对节点进行修改。在"渐变"面板中，将"类型"设置为"线性"，将0%位置处的CMYK值设置为"0、0、40、0"，将100%位置处的颜色设置为白色，将"描边颜色"设置为无色，如图5-45所示。

16）使用"钢笔工具"在页面中单击绘制图形，通过"直接选择工具"对节点进行修改。将"颜色"面板中的CMYK值设置为"8、20、56、3"，将"描边颜色"设置为无色，如图5-46所示。

第5章 钢笔与路径

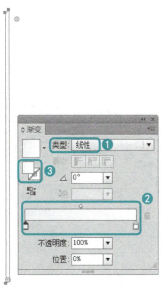
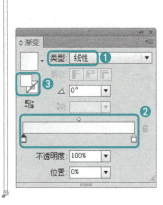

图5-45 设置渐变颜色　　　　图5-46 设置填充颜色

17）使用"选择工具"将设置完成填充属性后的两个图形分别移动至如图5-47所示的位置处，并调整对象的排列顺序。

18）使用"椭圆工具"在页面中绘制一个椭圆，打开"渐变"面板，将"类型"设置为"线性"，将"角度"设置为"179°"，将0%位置处的RGB值设置为"209、154、77"，将100%位置处的RGB值设置为"255、248、176"，将"描边颜色"设置为无，如图5-48所示。

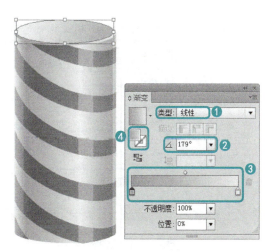

图5-47 调整完成后的效果　　　　图5-48 设置椭圆的渐变颜色

19）使用"钢笔工具"在页面中绘制图形，通过"直接选择工具"对相应的节点进行移动或修改，如图5-49所示。

20）在"渐变"面板中，将"类型"设置为"径向"，将0%位置处的RGB值设置为

— 115 —

"255、255、255",将100%位置处的RGB值设置为"251、198、0",将"描边颜色"设置为无色,如图5-50所示。

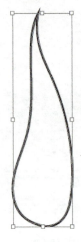
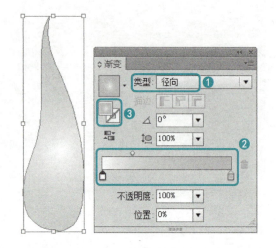

图5-49 绘制火苗　　　　　　　　图5-50 设置渐变颜色

21）选择绘制的火苗,按住<Alt>键复制图形对象,然后通过范围框调整对象的大小,在"渐变"面板中,将"类型"设置为"径向",将0%位置处的RGB值设置为"255、255、255",将100%位置处的RGB值设置为"241、200、80",将"描边颜色"设置为无色,如图5-51所示。

22）使用"钢笔工具",绘制图形,如图5-52所示。

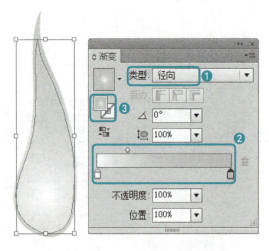

图5-51 设置渐变颜色　　　　　　　图5-52 绘制图形

23）在"渐变"面板中,将"类型"设置为"线性",将0%位置处的RGB值设置为"239、192、69",将28%位置处的RGB值设置为"145、76、0",将100%位置处的RGB值设置为"255、255、255",描边属性为无色,如图5-53所示。

24）调整对象的位置,如图5-54所示。

25）使用"选择工具"拖拽选择蜡烛的所有图形对象，按<Ctrl+G>组合键将其组合为一个整体，使用选择工具，同时按<Alt>键并拖拽复制对象，通过选择框来更改其大小，如图5-55所示。

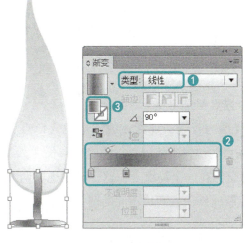

图5-53 设置渐变颜色　　　图5-54 调整位置后的效果　　　图5-55 复制蜡烛

26）打开"素材"→"Cha05"→"圣诞背景.ai"文件，如图5-56所示。

27）将绘制的蜡烛拖拽至素材文件中，调整蜡烛的大小和位置，如图5-57所示。

图5-56 打开素材文件　　　　　　　图5-57 最终效果

5.2.3 知识解析

曲线是由锚点决定的，锚点可分为两种类型：平滑点和角点。

1. 平滑点

绘制曲线时，从锚点引出的两条方向线为180°直线状态时，所生成的锚点为平滑点，所链接的曲线为平滑曲线，如图5-58所示。改变任意一个控制手柄的方向，连接锚点的两条曲线都会发生改变，如图5-59所示。

图5-58　平滑点　　　　　　　　　　　图5-59　改变控制手柄的方向

2. 角点

锚点所连接的两条线段之间形成夹角，这个锚点便是角点。

1)"直角点"：如果锚点所连接的两条线段为直线，那么该锚点形成直角点，如图5-60所示，直角点不存在控制手柄，可移动锚点的位置来控制直线的走向和长度。

2)"曲线角点"：是指两条不同的曲线段交汇在一个锚点上，这个锚点也有两个控制手柄，但是这两个控制手柄形成夹角，分别控制曲线角点两边不同的两条曲线，改变任一控制手柄的角度，只会影响当前曲线段，如图5-61所示。

图5-60　直角点　　　　　图5-61　改变曲线角点任一控制手柄，只会影响当前曲线段

在使用"钢笔工具"绘制曲线的过程中，配合使用<Alt>键可以轻松地改变平滑角点为曲线角点，打破两个控制手柄之间的联系，如图5-62所示，在绘制叶子的形状时（由两个锚点组成），在第二个锚点处按住<Alt>键，光标变成"转换锚点工具"状态，便可以将对称的平滑节点变成曲线角点，然后在第一个锚点处拖动，完成路径的封闭，这样使用两个锚点就可以创建完美的叶子形状，如图5-62所示。

图5-62　在绘制过程中转换锚点为角点

钢笔之所以功能强大，主要在于使用控制手柄和锚点就可以绘制千变万化的精确线条，而且可以自由应用。在使用"钢笔工具"绘制的过程中，能使用最少的锚点完成图形，是熟练驾驭钢笔工具的标准之一。因为锚点数量的增加，不仅会增加绘制步骤，不利于创建更为平滑的曲线，也不利于后期的修改，浪费大量调整的时间。能熟练应用"钢笔工具"，从某种意义上来说，对Illustrator CC的学习就成功了一半。

总之，如果路径是平滑弯曲的就应该用一个平滑点来连接，如果路径走向过程中形成角就使用角点。无论路径千变万化，锚点总是应该加在路径中发生变化的地方。

5.2.4 自主练习——夕阳美景

本例学习插画夕阳美景的绘制，首先使用"矩形工具"和"钢笔工具"绘制天空和大海，然后使用"椭圆工具"绘制夕阳和倒影，最后倒入椰子树，重点学习调整渐变色的方法，掌握"椭圆工具"的使用方法，完成后的效果如图5-63所示。

图5-63　夕阳美景效果图

5.3　物流公司Logo

本案例将介绍如何制作物流公司的Logo，该标志主要以公司名称的首字母进行变形，外侧的圆弧主要体现出双手呵护，体现担保、保护以及可以信赖的形象，效果如图5-64所示。

图5-64　物流公司Logo

5.3.1 知识要点

学习文字的变形，掌握对象的成组、镜像等操作。

5.3.2 实现步骤

1）按<Ctrl+N>组合键，在弹出的对话框中将"名称"设置为"物流公司Logo"，将"宽度"设置为"7cm"、"高度"设置为"6cm"，如图5-65所示。

2）设置完成后，单击"确定"按钮，在工具箱中单击"矩形工具" ，在画板中绘制一个与文档大小相同的矩形，并将其"填充颜色"的CMYK值设置为"4、3、3、0"，将"描边颜色"设置为无，效果如图5-66所示。

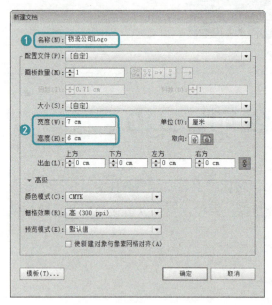
图5-65 设置新建文档参数

图5-66 绘制矩形

3）在工具箱中单击"文字工具" ，在画板中单击，输入文字，选中输入的文字，在"字符"面板中将"字体"设置为"汉仪圆叠体简"，将"字体大小"设置为"27pt"，如图5-67所示。

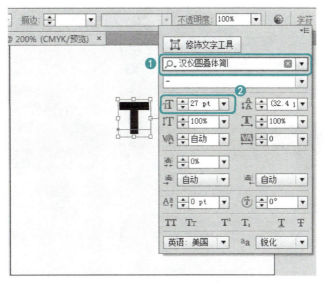

图5-67 输入文字并进行设置

4）设置完成后，继续选中该文字，在"变换"面板中将"倾斜"设置为"20"，如图5-68所示。

5）设置完成后，右击鼠标，在弹出的快捷菜单中选择"创建轮廓"命令，如图5-69所示。

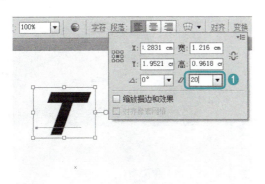

图5-68 设置倾斜参数

图5-69 选择"创建轮廓"命令

6）在工具箱中单击"直接选择工具" ，在画板中对文字进行调整，调整完成后，将其"填充颜色"的CMYK值设置为"8、80、95、0"，如图5-70所示。

7）在工具箱中单击"钢笔工具" ，在画板中绘制如图5-71所示的图形，并为其填充颜色。

8）选中绘制的图形和调整后的文字，按<Ctrl+G>组合键将其进行成组，在该对象上右击鼠标，在弹出的快捷菜单中选择"变换"→"对称"命令，如图5-72所示。

9）在弹出的对话框中单击"垂直"单选按钮，单击"复制"按钮完成镜像并复制，效果如图5-73所示。

图5-70 调整文字形状

图5-71 绘制图形

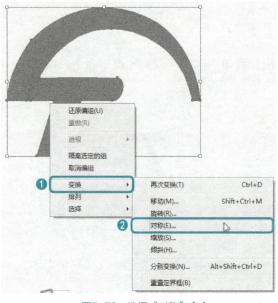

图5-72 选择"对称"命令

图5-73 镜像并复制后的效果

10)再次执行"对称"命令,将镜像后的对象再进行水平镜像,调整其位置,然后使用"删除锚点工具" 对镜像后的对象进行修剪,效果如图5-74所示。

11)继续选中该对象,将其"填充颜色"的CMYK值设置为"30、100、95、0",在工具箱中单击"文字工具" ,在画板中单击,输入文字,选中输入的文字,在"字体"面板中将"字体"设置为"汉仪综艺体简",将"字体大小"设置为"39pt",将"字符间距"设置为"20",如图5-75所示。

图5-74　镜像并修剪后的效果

图5-75　输入文字并进行设置

12）在工具箱中单击"文字工具" T ，在画板中单击，输入文字，选中输入的文字，在"字体"面板中将"字体"设置为"方正综艺简体"，将"字体大小"设置为"12pt"，将"字符间距"设置为"200"，如图5-76所示。

图5-76　输入文字

5.3.3　知识解析

在绘制曲线时，要结束当前路径的绘制，将其变为开放路径，方法与直线绘制相同，如果要闭合路径，除了在起始锚点上单击，还可以进行拖动，将曲线调整到合适的角度和位置，然后释放鼠标完成路径闭合，如图5-77所示。

图5-77 拖动鼠标闭合路径

5.3.4 自主练习——房地产Logo

读者可以自己动手制作房地产的Logo,该Logo以凤凰的形状来体现公司名称,效果如图5-78所示。

图5-78 房地产Logo

第6章 文本处理

【本章导读】

基础知识
◇ 文字工具的使用
◇ 文字的基本设置

重点知识
◇ 金属文字
◇ 工作证

提高知识
◇ 粉笔文字
◇ 招聘广告

文字能够准确地传达作品的含义,在Illustrator中使用"文字工具"能够对文字进行编辑与处理。本章将通过不同行业和领域的五个案例来讲解文字的处理技法与制作思路。

6.1　金属质感文字

本例将讲解如何制作金属质感文字，完成后的效果如图6-1所示。

图6-1　金属文字效果图

6.1.1　知识要点

其中主要讲解了渐变色、扩展和蒙版的应用。具体操作方法如下。

6.1.2　实现步骤

1）启动软件后，按<Ctrl+N>组合键，在弹出的"新建文档"对话框中输入"名称"为"金属质感文字"，将"单位"设置为"毫米"，将"宽度"设置为"340mm"，将"高度"设置为"145mm"，将"颜色模式"设为CMYK颜色，然后单击"确定"按钮，如图6-2所示。

2）在菜单栏中选择"文件"→"置入"命令，选择"素材"→"Cha06"→"金属背景.jpg"文件，单击"置入"按钮，将文件调整至与文档大小相同，单击"嵌入"按钮，如图6-3所示。

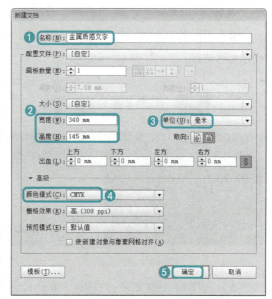

图6-2　新建文档

图6-3 置入文件

知识链接

▶ CMYK：CMYK 也称作印刷色彩模式，是一种依靠反光的色彩模式，和 RGB 类似，CMY 是 3 种印刷油墨名称的首字母：青色 Cyan、品红色 Magenta、黄色 Yellow。其中 K 是源自一种只使用黑墨的印刷版 Key Plate。从理论上来说，只需要 CMY 三种油墨就足够了，它们三个加在一起就应该得到黑色。但是由于目前制造工艺还不能造出高纯度的油墨，CMY 相加的结果实际是一种暗红色。

3）选择置入后的背景，按<Ctrl+2>组合键将其锁定，按<T>键激活"文字工具"，输入"METAl"，将"字体"设置为"Clarendon Blk BT Black"，将"字体大小"设置为"150pt"，将"字距"设置为"150"，如图6-4所示。

4）选择输入的文字，单击鼠标右键，在弹出的快捷菜单中选择"创建轮廓"命令，如图6-5所示。

图6-4 设置文字

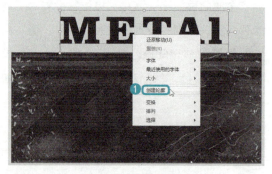

图6-5 改变文字对象

5）选择输入的文字，将其"填充"设为渐变色，按<Ctrl+F9>组合键，弹出"渐变"面板,将"类型"设置为"线性",将"角度"设置为"90°",分别将0%位置的色标的CMYK值设置为"46、37、35、0",将53%位置的色标的CMYK值设置为"8.2、5.4、5.8、0",将100%位置色标的CMYK值设置为"67、58.6、56、6",如图6-6所示。

6)选择输入的文字,按<Ctrl+C>组合键对其进行复制,按<Ctrl+B>组合键将文字贴在后面,选择图层最下层的文字,在属性栏中对其添加描边,将"描边颜色"设置为黑色,将"描边粗细"设置为"5pt",完成后的效果,如图6-7所示。

图6-6 设置渐变色

图6-7 添加描边

7)在菜单栏中选择"窗口"→"色板"命令,打开"色板",选择上一步创建的文字,在工具箱中确认"填色"处于上侧,单击"色板"底部的"新建色板"按钮,弹出"新建色板"对话框,将"色板名称"设置为"金属",如图6-8所示。

8)选择添加描边的文字,将描边颜色设置为渐变色,在"色板"面板中单击上一步创建的"金属"色板,对描边添加渐变色,如图6-9所示。

图6-8 新建色板

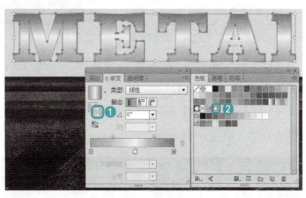
图6-9 设置渐变色

9)继续上一步设置描边的文字,在菜单栏选择"对象"→"扩展"命令,弹出"扩展"对话框,勾选"填充"和"描边"复选框,将"将渐变扩展为"设置为"渐变网格",单击"确定"按钮,如图6-10所示。

10)将创建的两行文字对齐放置到背景内,如图6-11所示。

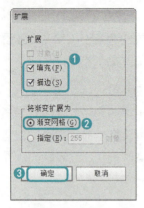

图6-10 "扩展"对话框

图6-11 调整文字位置

11）选择创建的两行文字，按<Ctrl+G>组合键将其进行编组，选择编组后的文字，单击鼠标右键，在弹出的快捷菜单中选择"变换"→"对称"命令，弹出"镜像"对话框，将"轴"设置为"水平"，单击"复制"按钮，如图6-12所示。

12）选择镜像后的对象并调整位置，如图6-13所示。

图6-12 "镜像"对话框

图6-13 调整文字的位置

13）按<M>键激活"矩形工具"，在图中绘制矩形使其能覆盖镜像后的文字，如图6-14所示。

14）选择上一步创建的矩形，将其"填充"设置为白色到黑色的渐变，将"轮廓"设置为无，如图6-15所示。

图6-14 绘制矩形

图6-15 设置渐变色

15）选择创建的矩形和矩形下的文字，按<Shift+Ctrl+F10>组合键，弹出"透明度"面板，单击其右侧的"菜单"按钮，在弹出的下拉菜单中选择"建立不透明蒙版"命令,如图6-16所示。

16)在"透明度"面板中选择"蒙版",在场景中选择矩形,使用"渐变工具"调整渐变色,如图6-17所示。

图6-16 创建不透明度蒙板

图6-17 设置渐变色

6.1.3 知识解析

在Illustrator中提供了6种文字工具,分别是"文字工具"、"区域文字工具"、"路径文字工具"、"直排文字工具"、"直排区域文字工具"和"直排路径文字工具",如图6-18所示。

用户可以用这些文字工具创建或编辑横排或直排的点文字、区域文字或路径文字对象。

1)点文字是指从页面中单击的位置开始,随着字符的输入而扩展的一行或一列横排或直排文本。这种方式适用于在图稿中输入少量的文本,如图6-19所示。

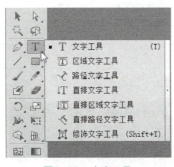

图6-18 文字工具

图6-19 点文字

2)区域文字是指利用对象的边界来控制字符排列。当文本触及边界时会自动换行。可以创建包含一个或多个段落的文本,例如,用于宣传册之类的印刷品时,可以使用这种输入文本的方式,如图6-20所示。

3)路径文字是指沿着开放或封闭的路径排列的文字。水平输入文本时,字符的排列会与基线平行;垂直输入文本时,字符的排列会与基线垂直,如图6-21所示。

图6-20　区域文字

图6-21　路径文字

6.1.4 自主练习——凹凸文字

本例将讲解如何制作凹凸文字，效果如图6-22所示。简要步骤如下：

1）首先打开"素材"→"Cha06"→"凹凸背景.ai"文件。

2）输入相应的文字，在"外观"面板中，设置文字新填充颜色的"内发光"效果。

3）继续添加新的填充并设置填充的"变换"效果，从而完成凹凸文字的制作。

图6-22　凹凸文字

6.2　粉笔文字

本例将讲解如何制作粉笔文字，完成后的效果如图6-23所示。

图6-23　粉笔文字

6.2.1 知识要点

打开素材文件,输入文字并设置"涂抹"效果和"粗糙化"效果。其具体操作方法如下。

6.2.2 实现步骤

1)打开"素材"→"Cha06"→"黑板.ai"文件,如图6-24所示。

图6-24 打开素材文件

2)选择"文字工具" T ,在绘图页中输入文字,在"字符"面板中将"字体"设置为"汉仪综艺体简","字体大小"设置为"90pt",将"字符间距"设置为"100",然后调整文字的位置,如图6-25所示。

图6-25 输入文字

3)选中所有文字,在菜单栏中选择"效果"→"风格化"→"涂抹"命令,在弹出的"涂抹选项"对话框中设置涂抹参数,单击"确定"按钮,如图6-26所示。

4)将文字的"字体颜色"和"描边颜色"的RGB值都设置为"255、255、255",如图6-27所示。

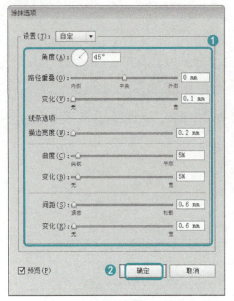

图6-26 "涂抹选项"对话框

图6-27 设置字体颜色和描边

在"涂抹选项"对话框中勾选"预览"复选框，可以查看设置完参数后的"涂抹"效果。

5）选中所有文字，在菜单栏中选择"效果"→"扭曲和变换"→"粗糙化"命令，在弹出的"粗糙化"对话框中设置参数，如图6-28所示。单击"确定"按钮完成操作。

6）最终效果如图6-29所示。

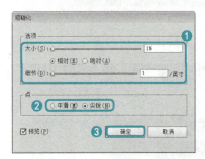

图6-28 "粗糙化"对话框

图6-29 最终效果

6.2.3 知识解析

用户还可以使用下面的方法设置文字字体：

在工具栏中单击"字符"按钮，在弹出的"字符"面板中可以对文字字体进行设置，如图6-30所示。

在菜单栏中选择"文字"→"字体"命令，在弹出的子菜单中可以对文字字体进行设置，如图6-31所示。

图6-30　单击"字符"按钮后弹出的面板　　　　图6-31　"字体"子菜单

6.2.4 自主练习——纹理文字

本例将讲解如何制作纹理文字，效果如图6-32所示。简要步骤如下：

1）首先打开"素材"→"Cha06"→"纹理素材.ai"文件。

2）在绘图页中输入文字"New user? Register here!"，然后在属性栏中单击"字符"，在弹出的面板中，将"字体"设置为"微软雅黑"，"字体大小"设置为"60pt"，为"Register here!"文本添加下画线然后调整文字的位置。

3）在菜单栏中选择"文字"→"创建轮廓"命令，将文字转换为轮廓路径。

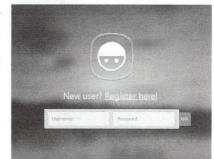

图6-32　纹理文字

4）选中文字，在菜单栏中选择"效果"→"纹理"→"颗粒"命令，在弹出的对话框中，将"强度"设置为"40"，"对比度"设置为"50"，然后单击"确定"按钮。

6.3　情人节海报

本实例讲解如何制作情人节海报，效果如图6-33所示。

图6-33 情人节海报

6.3.1 知识要点

本例通过"浪漫情缘"艺术字体的制作来讲解使用"文字工具"输入文字的方法，使用户掌握如何将文字转换为轮廓命令，并结合"钢笔工具"对文字进行变形设计的制作方法。

6.3.2 实现步骤

1）在Illustrator CC中选择"新建"命令建立一个新的空白文件。使用"文字工具"，在页面中输入文字，通过"字符"面板将"字体"设置为"方正粗倩简体"，将"字体大小"设置为"293pt"，如图6-34所示。

2）使用"选择工具"选择文字，在菜单栏中选择"文字"→"创建轮廓"命令或者按<Ctrl+Shift+O>组合键将其转换为轮廓，如图6-35所示。

图6-34 设置文字的字符　　　　　　　图6-35 为文字转换为轮廓

3）将对象取消编组，使用"直接选择工具"并按<Del>键删除"浪"文字左侧的三点水字旁图形，如图6-36所示。

4）使用"钢笔工具"，在页面中绘制"浪"文字左侧的三点水艺术字旁图形，通过"直接选择工具"进行修改，如图6-37所示。

图6-36　删除图形　　　　　　　　　　　　　图6-37　制作三点水字旁的艺术图形

5）使用"选择工具"拖拽选择图形，将其移动至"良"字的左侧，通过"颜色"面板设置图形的填充属性为黑色，描边属性设置为无色，如图6-38所示。

6）使用"直接选择工具"，拖拽选择相应的节点，按<Del>键进行删除，如图6-39所示。

图6-38　调整并设置三点水字旁图形的属性　　　　图6-39　拖拽选择相应的节点

7）使用"椭圆形工具"按住<Shift>键的同时在页面中拖拽绘制一个正圆图形，并将其拖拽到如图6-40所示的位置处。

8）使用"钢笔工具"在页面中绘制图形，如图6-41所示。

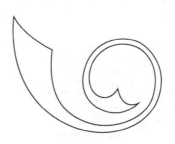

图6-40　绘制椭圆　　　　　　　　　　　　　图6-41　绘制图形

9）通过"颜色"面板设置图形的填充属性为黑色，描边属性设置为无色，使用"直接选择工具"，拖拽选择相应的节点，按下键盘上的<Del>键删除节点，然后将设置属性后的图形移动到如图6-42所示的位置处。

10）使用"直接选择工具"拖拽选择节点，然后按<Del>键删除"漫"字三点水中间的点字图形，如图6-43所示。

图6-42　移动位置后的效果　　　　　　　　图6-43　删除后的效果

11）使用"钢笔工具"绘制图形，然后通过"颜色"面板设置图形的填充属性为黑色，描边属性设置为无色，最后将其移动至"漫"字三点水中间的位置处，如图6-44所示。

12）使用"直接选择工具"拖拽选择"漫"字三点水字旁的上下两个笔画，然后按<Del>键删除两个笔画，如图6-45所示。

图6-44　绘制图形后的效果　　　　　　图6-45　删除"漫"字三点水字旁的上下两个笔画

13）使用"钢笔工具"绘制"漫"字三点水字旁的上下两个笔画，然后通过"颜色"面板设置图形的填充属性为黑色，描边属性设置为无色，然后将其移动至如图6-46所示的位置处。

14）使用同样的方法对文字的其他部分进行变形，如图6-47所示。

图6-46　绘制图形并调整位置　　　　　　图6-47　对其他文字进行变形并输入文本

15）使用"选择工具"选择所有的图形，选择"对象"→"编组"命令对当前图形进行编组。选择"文件"→"打开"命令，打开"素材"→"Cha06"→"情人节海报背景.ai"文件，如图6-48所示。

16）将图形复制到素材文件中，对文字进行适当的调整，将文字的"填充颜色"的RGB值设置为"250、77、90"，如图6-49所示。

图6-48　打开素材文件

图6-49　调整文字大小和颜色

17）选择文字对象，按＜Ctrl+C＞和＜Ctrl+F＞组合键对文字进行复制，调整文字的位置，将"填充颜色"的RGB值设置为"181、181、181"，如图6-50所示。

18）单击鼠标右键，在弹出的快捷菜单中选择"排列"→"后移一层"命令，如图6-51所示。

图6-50　设置文字的填充颜色　　　　　　　图6-51　选择"后移一层"命令

19）最终效果如图6-52所示。

图6-52 最终效果

6.3.3 知识解析

下面介绍沿路径移动和翻转文字的方法,具体的操作步骤如下:

1)使用"选择工具" 选中路径文字,可以看到在路径的起点、中点及终点处都会出现标记,如图6-53所示。

2)将光标移至文字的起点标记上,此时光标变成 样式,如图6-54所示。

图6-53 选择文字

图6-54 将鼠标放置在路径文字的开始处

3)沿路径拖动文字的起点标记,可以将文本沿路径移动,如图6-55所示。

4)将光标移至文字的中点标记上,当光标变成 样式时向下拖动中间的标记,越过

— 140 —

路径即可沿路径翻转文本的方向，如图6-56所示。

图6-55 移动文字后的效果　　　　　　　　　图6-56 翻转文本

6.3.4 自主练习——多重描边字

本实例通过多重描边字的设计，使用户了解"文字工具"的使用，文字的字体及字号的设置，掌握"外观"面板及偏移路径等命令的使用，如图6-57所示。

图6-57 多重描边字

1）打开"素材"→"Cha06"→"描边字素材.ai"文件。

2）使用"文字工具"，在页面中输入文字，将"字体"设置为"方正胖娃简体"，将"字体大小"设置为"100pt"，选择"窗口"→"外观"命令，打开"外观"面板。

3）单击"外观"面板右上角的按钮，在弹出的下拉菜单中选择"添加新填色"选项，将"填色"的颜色设置为白色。

4）将"填色"选项拖拽至"字符"的下方，此时黑色的字幕将遮挡住白色的字母，在"外观"面板中单击激活"填色"选项，在菜单栏中选择"效果"→"路径"→"位移路径"命令，弹出"偏移路径"对话框，设置参数，单击"确定"按钮。

5）此时在"外观"面板中，可以看到"填色"的下方出现刚才添加的"位移路径"，在"外观"面板中单击激活"填色"选项，单击面板底部的"复制所选项目"按钮 。

6）将复制所选项目后的"填色"颜色设置为蓝色。

7）双击填色下方的"位移路径"选项，弹出"偏移路径"对话框，将"位移"设置为"2.4mm"，单击"确定"按钮。

8）在菜单栏中选择"窗口"→"图形样式"命令，打开"图形样式"面板，单击底部的"新建图形样式"按钮，即可新建图形样式。

9）使用"文字工具"，输入文字，通过"字符"面板设置文字的字体和字号。

10）按住<Shift>键选择文字，单击"图形样式"面板中新建的图形样式，通过"色板"面板，对文字修改颜色。

6.4　招聘广告

本实例将讲解如何制作招聘广告，效果如图6-58所示。

图6-58　招聘广告

6.4.1　知识要点

本例通过招聘广告的设计来讲解文字工具的使用。

6.4.2 实现步骤

1）打开"素材"→"Cha06"→"招聘广告.ai"文件,如图6-59所示。

2）使用"钢笔工具"绘制路径,如图6-60所示。

图6-59　打开素材文件

图6-60　绘制路径

3）使用"文字工具",在路径上单击,输入文字,将"字体"设置为"长城新艺体",将"字体大小"设置为"135pt",如图6-61所示。

4）将"字体颜色"的RGB值设置为"68、167、170",将"描边颜色"的RGB值设置为"130、203、207","描边粗细"设置为"4pt",调整文字的位置,如图6-62所示。

5）使用"圆角矩形工具",在页面中单击,弹出"圆角矩形"对话框,将"宽度""高度"和"圆角半径"分别设置为"60mm""10mm""10mm",单击"确定"按钮,如图6-63所示。

6）将圆角矩形的"填充颜色"的RGB值设置为"142、197、201",将"描边颜色"设置为无,如图6-64所示。

7）使用"文字工具",输入文本,将"字体"设置为"黑体",将"字体大小"设置为"17pt",如图6-65所示。

8）继续使用"文字工具",输入文字,将"字体"设置为"黑体",将"字体大小"设置为"12pt",如图6-66所示。

图6-61 设置文字字符　　　　　　图6-62 设置文字颜色和描边

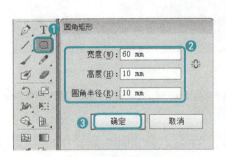
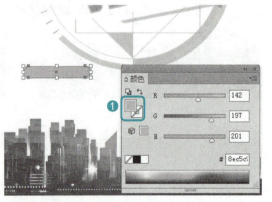

图6-63 设置圆角矩形参数　　　　图6-64 设置圆角矩形的颜色

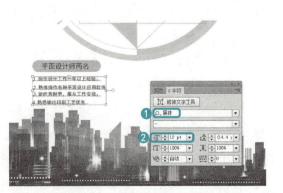

图6-65 设置文字和字体大小1　　图6-66 设置文字和字体大小2

> **提示**
>
> ▶ 使用"文字工具" 和"直排文字工具" 时,不要在现有的图形上单击,这样会将文字转换成区域文字或路径文字。

9)使用"圆角矩形"和"文字工具"绘制其他对象,效果如图6-67所示。

图6-67　绘制其他对象

6.4.3 知识解析

招聘广告主要用来公布招聘信息,要为应聘者提供一个获得更多信息的来源。人才招聘广告就是企业员工招聘的重要工具之一,设计的好坏直接影响应聘者对企业的印象和企业的形象。

1. 主要内容

传统的招聘广告主要内容一般包括:

1)本企业的基本情况。

2)是否经过有关方面的批准。

3）招聘人员的基本条件。

4）报名的方式。

5）报名的时间、地点。

6）报名需带的证件、材料。

7）其他注意事项。

2. 基本要求

一个合适的招聘广告有10个基本的要求：

1）尽可能与应聘者分享公司的发展历程，而不仅仅是列出职位要求。

2）职位描述应该包括现有员工一天的工作感受，因为仅仅把工作职责搬出来是很枯燥的。

3）招聘广告还应该指出对于胜任这个岗位的员工职业发展空间是怎样的。

4）应该用更亲切、富有创造力的语句，而非"我们亟需某方面的人才"这样的表述。

5）要站在应聘者的立场，给出此职位最吸引人的方面，福利待遇如果包括企业年金当然好，但几乎没人会为了这个来应聘。

6）公布的招聘程序应该要表现得特别尊重应聘者的时间安排和其专业技能。

7）要给出进一步了解职位信息的入口，例如，公司的官方网址等，方便应聘者了解更多信息和提出疑问。

8）薪水方面要得到体现。在不知道薪酬是否在可接受的范围内时，应聘者能忍受冗长的招聘程序吗？

9）职位技能需求应该重视应聘者的创造力和潜力，还应避免用第三人称的语句，例如，"符合条件的应聘者应该具备……"。

10）最后，应该描述企业文化，当然不是"在我们企业工作很有乐趣，能感受到活力"这样的语句，而是应该讲一个与企业文化相关的故事。

3. 设计原则

1）客观准确。招聘信息是人才资源需求的客观反映，必须忠实地反映企业人力资源需求的基本情况，反映现状和发展趋势。不能做企业无法遵守的承诺来误导应聘者，对于晋升机会、挑战、责任等要诚实列出，给人以可信度，树立以诚待人的企业形象。那些言过其实、夸大其辞、别有用心的广告，一旦被人识破之后，广告企业便会声名狼藉，得到恶果。

2）引人注意。设计人才招聘广告要能抓住应聘者的注意力，促使他们深入阅读。注意是增强广告效果的首要因素，注意是人的认识心理活动过程的一个特征，是人对认识事物的指向和集中。招聘广告要想使人理解、领会，形成记忆不应自作聪明或大有创意。文字要简洁、清秀易读，要避免搞成花花绿绿的，使人眼花缭乱，不愿细看。标题要反复推敲，而且要运用突出的字体，激发读者细读广告的兴趣，引动视线，深入理解广告内容。

3）内容详细。

4）条件清楚。人才招聘广告的信息具体化、鲜明化有助于增强应聘者的信心和决心。目前我国的人才招聘广告中很少直接提及工作报酬、福利等条件，而这些条件恰巧是招聘广告中的一个核心问题。许多人应聘对工资待遇都非常关注，而大多数的招聘广告在这个问题上含糊其词。其后果是：一方面许多优秀人才不知道可能获得多少报酬而不愿意应聘；另一方面许多应聘者一旦了解企业真实报酬后不愿意被录用，同时浪费了企业和应聘者的时间、精力和金钱。在广告中含糊其词是有百弊而无一利的。

4. 注意事项

1）歧视问题。目前人才招聘广告中歧视问题还是比较明显的。一是性别歧视，在许多工种中都注明要求应聘者是什么性别，其实绝大部分工种男女均可以。二是年龄歧视，许多广告中都注明多少岁以下者应聘，这一方面使企业失去一部分有才华的但年龄稍大一点的人才，另一方面使上了一定年龄的人失去了公开竞争的机会。三是学历歧视，许多广告中盲目追求高学历，造成人才高消费。甚至写出"××学历以下者免谈、拒招"的字眼，以此突出招聘的档次。四是区域、籍贯歧视，例如，在广告中写出"不招××省人"等。在设计人力资源广告时应注意这些问题，更应当把"尊重"看作人力资源开发与管理的基本准则。

2）上门问题。我国大部分招聘广告还都注明：谢绝上门。这又是一个值得探讨的问题。上门面谈本是了解应聘者的一个极好机会，理应由专人负责接待来访者，如果担心影响有关部门的正常工作，可以安排一定的时间接待应聘者，如果担心进出企业的人员太多，可以在门口安排一个接待处；如果担心有人纠缠不休，可以提高接待人员的水平。其实，应聘者上门是企业与应聘者相互了解的大好机会，企业可以因此了解更多有关应聘者的信息，宣传企业的宗旨，树立企业的形象，不失时机地开展公共关系，扩大企业的知名度和挑选合格的人才，何乐而不为呢？

3）艺术组合问题。人才招聘广告在设计中要依据焦点、简洁、魅力、统一、平衡、技巧六项要求进行整体组合，使之成为一个完整美观、中心突出的广告作品。焦点是指广告招聘的主题明确，使之真正符合企业目标；简洁是指招聘内容干净利索，以较少的文笔对工作要求和所需资格进行陈述，以突出广告的焦点；魅力是指广告对读者具有吸引力和触发他们的感情，引发应聘行为的刺激力；统一是指人才招聘广告设计的四大原则之间应作有机的联系，与表现主题关系不密切的和有关歧视性内容应除掉；平衡是指广告各要素在布局上要正确配置，使人感到广告表现完善、协调，在编排过程中应当有主有次，精心策划，在统一下求平衡，并不断修正广告的标题、正文、标语、图形，以求得最佳广告布局的要求；技巧是指设计出来的广告样稿还应有精湛的制作技巧，才能准确、完美地实现设计要求。依据人才招聘广告设计要求进行艺术的组合编排，使之成为有强烈艺术感染力的广告作品。

6.4.4 自主练习——咖啡宣传单

打开"素材"→"Cha06"→"咖啡宣传单素材.ai"文件，可以根据上面学习到的知识动手制作效果如图6-68所示的咖啡宣传单。

图6-68 咖啡宣传单效果图

6.5 工作证

本实例讲解工作证的设计制作，效果如图6-69所示。

图6-69 工作证效果图

6.5.1 知识要点

本实例可以进一步掌握"文字工具"的使用,重点掌握设置文字的字体和字号等。

6.5.2 实现步骤

1)打开"素材"→"Cha06"→"工作证模板.ai"素材文件,如图6-70所示。

2)使用"文字工具",输入文本,将"字体"设置为"HeitiCSEG GBpc-EUC-H*",将"字体大小"设置为"26pt",将"填充颜色"的RGB值设置为"221、139、39",如图6-71所示。

3)按住<Alt>键复制文本,修改文字,将"字体"设置为"Arial",将"字体大小"设置为"15pt","字符间距"设置为"100",如图6-72所示。

图6-70 打开素材

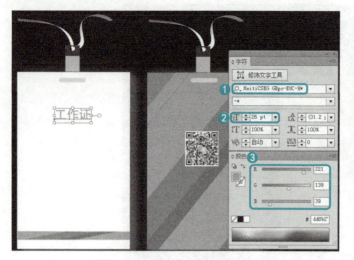

图6-71 设置文字的字符和颜色　　　　图6-72 设置字体和字号

4)使用"矩形工具"。在空白位置处弹出"矩形"对话框,将"宽度"和"高度"都设置为"3cm",单击"确定"按钮,如图6-73所示。

5)将矩形"填充颜色"的RGB值设置为"221、139、39",调整矩形的位置,如图6-74所示。

6)使用"直排文字工具"输入文本,将"字体"设置为"HeitiCSEG GBpc-EUC-H*",将"字体大小"设置为"25pt",将"填充颜色"的RGB值设置为"255、255、255"(白色),如图6-75所示。

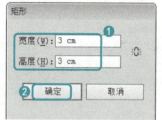

图6-73 设置矩形参数

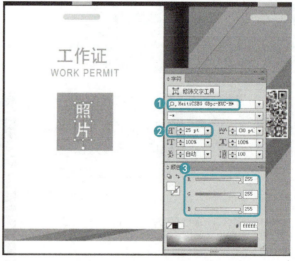

图6-74 设置矩形的填充和描边颜色　　　图6-75 设置字体的字符和颜色

7)使用"文字工具"输入文本,将"字体"设置为"黑体",将"字体大小"设置为"10pt",将"填充颜色"的RGB值设置为"2、137、123",如图6-76所示。

8)使用"直线工具"绘制一条直线,将"填充颜色"设置为无,将"描边颜色"设置为"2、137、123",将"描边粗细"设置为"1pt",如图6-77所示。

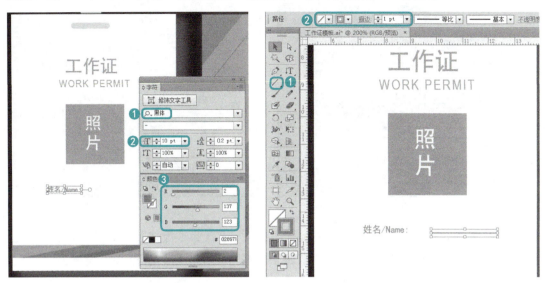

图6-76 设置字体的字符和颜色　　　　　图6-77 绘制直线并设置描边

9）继续使用"文字工具"和"直线工具",绘制如图6-78所示的对象。

10）使用"文字工具"输入文本,将"填充颜色"设置为白色,将"字体"设置为"方正黑体简体",将"字体大小"设置为"9pt",将"字符间距"设置为"200",如图6-79所示。

 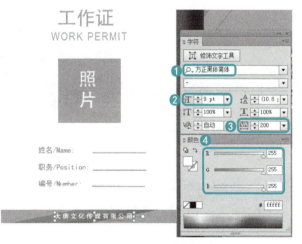

图6-78 设置完成后的效果　　　　　图6-79 设置文字的字符和颜色

11）使用"文字工具"输入文本,将"字体"设置为"汉仪大黑简",将"字体大小"设置为"16pt",将"字符间距"设置为"200",将"填充颜色"的RGB值设置为"255、255、255"(白色),如图6-80所示。

12）使用"文字工具"输入文本,将"字体"设置为"黑体",将"字体大小"设置为"16pt",将"填充颜色"的RGB值设置为"255、255、255"(白色),如图6-81所示。

图6-80　设置文字的字符和颜色

图6-81　设置文字字符

13）使用"文字工具"输入文本，将"字体"设置为"黑体"，将"字体大小"设置为"7.5pt"，将"行距"设置为"11pt"，将"填充颜色"的RGB值设置为"255、255、255"（白色），如图6-82所示。

图6-82　设置文字字符

6.5.3 知识解析

工作证是一个人在某单位工作的证件，包括省市县等机关单位和企事业单位等，主要表明某人在某单位工作，是一个公司形象和认证的一种标志。

工作证是公司或单位组织成员的证件，加入工作后才能申请发放。通常具备"方便、简单、快捷"的特点。

1. 尺寸

工作证卡标准尺寸是85.5mm×54mm(工作证的尺寸有规定，也是卡的国际标准），大一点的有70mm×100mm，现在每个单位或公司可以根据自身需要订做证卡尺寸，随身携带。

2. 简介

工作证有固定形式。工作证是正式成员工作体现的象征证明，有了工作证就代表正式成为某个公司或单位组织的正式成员。

为保险业务员、直销人员、物流人员、快递人员、劳务派遣人员、市场经营人员等人员流动变化快、工作地域跨度大、信息不易查询等行业，开展人员诚信信息认定、办理个人"全国统一的数字化信用工作证"，建立动态信用档案和提供经过二次加密的17位诚信编码全国范围内的统一接入号码的信息公示平台。

应用单位将个人的公示信息（包括单位名称、持证人姓名、职位、证件、照片等）收集、存储到设在中国电信的"全国诚信数据库"，每人随机生成17位诚信编码，将公示信息印制到带有本人照片的胸卡和名片上，通过全国统一的电话、短信、全国诚信保真查询网和手机上网四种方式免费查询。

3. 样式

主证、副证、证夹。

4. 用途

工作证在作为信用卡申请资料的同时是起到证明持证人的收入状况和水平作用的，而且对获得尽可能高的信用额度有作用。不过收入证明或是工作证仍然与持证人所在的单位的性质有关系。私企，政府或事业单位的工作证的含金量也是不一样的。

信用卡的申请还可以通过以卡办卡的方式进行，但是额度一般都不太高。

5. 注意事项

上海市政府公布的第一批取消和不再审批的行政审判事项的通知，《引进人才工作证》属于取消审批的项目，已经停止办理。但取消办理后，已经持有《引进人才工作证》的外地人才在工作证有效期内可继续使用工作证，并仍然享受《上海市引进人才工作证实施办法》规定的有关人员待遇，员工上班必须随身携带。

6.5.4 自主练习——商业名片设计

商业名片设计如图6-83所示。

1）新建文件后设置文档背景颜色，使用矩形绘制白色的卡片。

2）通过"矩形工具"和"画笔工具"制作公司Logo。

3）使用"椭圆工具"和"钢笔工具"绘制名片的其他部分，并填充相应的渐变颜色。

4）最后使用"文字工具"输入文本，制作出名片的最终效果。

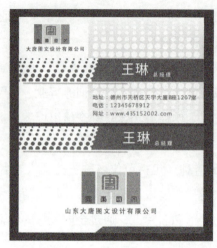

图6-83　商业名片设计图

第7章　图层、动作和蒙版

【本章导读】

基础知识
◇ 图层的基础知识
◇ 动作面板

重点知识
◇ 儿童相框
◇ 卡通鲸鱼

提高知识
◇ 图层蒙版
◇ 合并图层

在Illustrator中，用户可以通过"图层"面板对图层进行操作及管理，在制作复杂的图形对象时，使用图层将不同的内容进行放置，可以使管理对象变得更为简洁方便，同时，在本章还会对蒙版进行简单的学习。

7.1 卡通度假插画

本实例将讲解如何在当前选择的图层上添加新图层、创建新子图层，效果如图7-1所示。

图7-1 卡通度假插画效果图

7.1.1 知识要点

在创建一个新的Illustrator文件后，Illustrator会自动创建一个图层即"图层1"，在绘制图形后，便会添加一个子图层，即子图层包含在图层之内。对图层进行隐藏、锁定等操作时，子图层也会同时被隐藏和锁定，将图层删除时，子图层也会被删除。单击图层前面的图标可以展开图层，可以查看到该图层所包含的子图层以及子图层的内容。具体的操作步骤如下。

7.1.2 实现步骤

1）在菜单栏中选择"文件"→"打开"命令，打开"素材"→"Cha07"→"001.ai"文件，效果如图7-2所示。

2）选择"窗口"→"图层"命令，打开"图层"面板，如图7-3所示。

3）如果要在当前选择的图层上添加新图层，单击"图层"面板上的"创建新图层"按钮 ，可创建一个新的图层，如图7-4所示。

图7-2 打开素材文件

4）如果要在当前选择的图层内创建新子图层，可以单击"图层"面板上的"创建新子图层"按钮，完成后的"图层"面板，如图7-5所示。

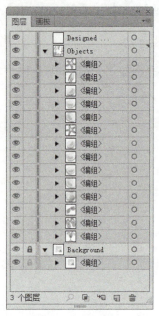

图7-3 图层

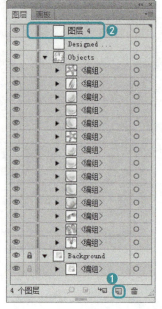

图7-4 新建图层

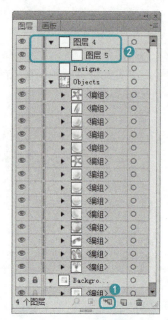

图7-5 创建子图层

7.1.3 知识解析

在"图层"面板中可以选择、隐藏、锁定对象以及修改图稿的外观，通过"图层"面板可以有效地管理复杂的图形对象，简化制作流程，提高工作效率。在菜单栏中选择"窗口"→"图层"命令可以打开"图层"面板，面板中列出了当前文档中所有的图层，如图7-6所示。

1）"图层颜色"：默认情况下，Illustrator会为每一个图层指定一个颜色，最多可指定9种颜色。此颜色会显示在图层名称的旁边，当选择一个对象后，它的定界框、路径、锚点及中心点也会显示与此相同的颜色。

2）"图层名称"：显示图层的名称。当图层中包含子图层或者其他项目时，图层名称的左

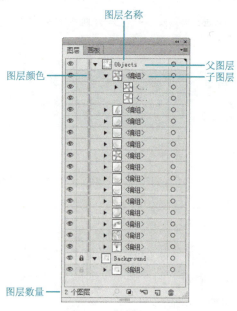

图7-6 "图层"面板

侧会出现一个三角形，单击三角形可展开列表，显示出图层中包含的项目，再次单击三角形可隐藏项目。如果没有出现三角形，则表示图层中不包含其他任何项目。

1)"定位对象"：可以通过该按钮来查找对象的位置。

2)"建立/释放剪切蒙版"：用来创建剪切蒙版。

3)"创建新子图层"：单击该按钮可以新建一个子图层。

4)"创建新图层"：单击该按钮可以新建一个图层。

5)"删除图层"：用来删除当前选择的图层，如果当前图层中包含子图层，则子图层也会被同时删除。

在输出打印时，可以通过设置"图层选项"对话框只打印需要的图层，对不需要的图层进行设置。

在菜单中选择"窗口"→"图层"命令，打开"图层"面板，选择"图层1"然后单击"面板"右上角的按钮，在下拉快捷菜单中选择"'Objects'的选项"，如图7-7所示。执行该命令后，即可弹出"图层选项"对话框，如图7-8所示。

图7-7 选择"'图层1'的选项"

在"图层选项"对话框中可以修改图层名称、颜色和其他选项，各选项介绍如下。

1)"名称"：可输入图层的名称。在图层数量较多的情况下，为图层命名可以更加方便地查找和管理对象。

2)"颜色"：在该选项的下拉列表中可以为图层选择一种颜色，也可以双击选项右侧的颜色块，弹出"颜色"对话框，在该对话框中设置颜色，默认情况下，Illustrator会

图7-8 "图层选项"对话框

为每一个图层指定一种颜色,该颜色将显示在"图层"面板图层缩览图的前面,在选择该图层中的对象时。所选对象的定界框、路径、锚点及中心点也会显示与此相同的颜色。

3)"模板":选择该选项,可以将当前图层创建为模板图层。模板图层前会显示 图标,图层的名称为倾斜的字体,并自动处于锁定状态,如图7-9所示。模板能被打印和导出。取消该选项的选择时,可以将模板图层转换为普通图层。

4)"显示":选择该选项,当前图层为可见图层,取消选择时,隐藏图层。

5)"预览":选择该选项时,当前图层中的对象为预览模式,图层前会显示出 图标,取消选择时,图层中的对象为轮廓模式,图层前会显示出 图标。

6)"锁定":选择该选项可将当前图层锁定。

7)"打印":选择该选项可打印当前图层。如果取消选择,则该图层中的对象不能被打印,图层的名称也会变为斜体。

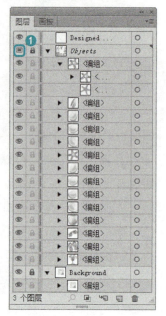

图7-9 模板图层

8)"变暗图像至":选择该选项,然后再输入一个百分比值,可以淡化当前图层中图像和链接图像的显示效果。该选项只对位图有效,矢量图形不会发生任何化。这一功能在描摹位图图像时十分有用。在"图层1"上双击,在弹出的"图层选项"对话框中勾选"变暗图像至"复选框,并在右侧的文本框中输入数值(默认值50%),单击"确定"按钮。完成后的画板效果如图7-10所示。

图7-10 设置图像变暗参数

7.1.4 自主练习——卡通小鹿

在"图层"面板中图层的排列顺序与在画板中创建图像的排列顺序是一致的。在"图层"面板中顶层的对象在画板中排列在最上方,在最底层的对象在画板中排列在最底层，同一图层中的对象也是按照该结构进行排列的。

1）在菜单栏中选择"文件"→"打开"命令，打开"素材"→"Cha07"→"002.ai"文件。

2）在"图层"面板中单击拖动一个图层的名称至所要移动的位置，当出现黑色插入标记时放开鼠标即可调整图层的位置。如果将图层拖至另外的图层内，则可将该图层设置为目标图层的子图层。调整图层后的效果，如图7-11所示。

图7-11　卡通小鹿

7.2　卡通风景插画

本实例通过动作面板制作卡通风景插画效果，效果如图7-12所示。

图7-12　卡通风景插画

7.2.1　知识要点

下面将介绍如何创建动作效果，其中主要学习动作面板的使用方法，其具体操作步骤如下。

7.2.2　实现步骤

1）在菜单栏中选择"文件"→"打开"命令，打开"素材"→"Cha07"→"003.ai"文件，如图7-13所示。

2）在菜单栏中单击"窗口"按钮，在弹出的下拉列表中选择"动作"命令，如图7-14所示。

图7-13　打开素材文件　　　　　　　　　　　图7-14　选择"动作"命令

3）在打开的"动作"面板中单击右上角的 ≡ 按钮，在弹出的下拉列表中选择"新建动作"命令，如图7-15所示。

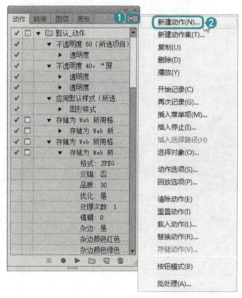

图7-15　选择"新建动作"命令

4）执行该操作后，将会打开"新建动作"对话框，在该对话框中命名新名称，效果如图7-16所示。

5）设置完成后单击"记录"按钮，在画板中选择如图7-17所示的对象。

6)按住<Alt>键向下拖拽选中的图形,将其拖拽至合适的位置上,复制后的效果如图7-18所示。

7)在菜单栏中选择"对象"→"变换"→"旋转"命令,在弹出的对话框中将"角度"设置为"180°",单击"确定"按钮,如图7-19所示。

8)选中复制后的对象,在画板中调整其大小及位置,调整后的效果如图7-20所示。

图7-16 设置动作名称

图7-17 选择对象

图7-18 复制对象后的效果

9)打开"外观"面板,单击"不透明度",将"不透明度"设置为"66%",如图7-21所示。

10)执行该操作后,即可设置完成不透明度,效果如图7-22所示。

11)执行该操作后即可完成调整,在"动作"面板中单击"停止播放/记录"按钮■,如图7-23所示。

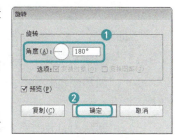

图7-19 选择"垂直翻转"命令

图7-20 调整复制后的对象

图7-21 设置不透明度

图7-22 设置不透明度后的效果　　图7-23 单击"停止播放/记录"按钮

7.2.3 知识解析

下面带领大家一起了解"动作"面板中各按钮的作用。

1)"创建新动作"按钮：单击该按钮可以创建一个新动作。

2)"创建新动作集"按钮：单击此按钮可以创建一个新的动作集，以便保存新的动作。

3)"删除所选动作"按钮：单击此按钮可以将当前选中的动作或动作集删除。

4)"播放当前所选动作"按钮：单击此按钮可以执行当前选中的动作。

5)"开始记录"按钮：用以录制一个新动作，当处于录制状态时，该按钮呈红色显示。

6)"停止播放/记录"按钮：只有当录制动作按钮被按下时该按钮才可以使用，单击此按钮可以停止当前的录制操作。

7.2.4 自主练习——存储并应用图形样式

下面详细介绍存储并应用图形样式，效果如图7-24所示。

1)打开"素材"→"Cha07"→"004.ai"文件。

2）在画板中选择一个路径，在"图形样式"面板中单击"新建图形样式"，存储到"图形样式"面板。

3）在工具箱中选择"文字工具"，在画板中创建文本"Illustrator"，在"控制"面板中设置"字体"为"汉仪彩云体简"，设置"字体大小"为"60pt"。

图7-24　存储并应用图形样式

4）在画板中选择文本，在"图形样式"面板中单击存储的样式，将其添加给文本。

7.3　儿童相框

可以给儿童的照片添加有趣的相框。儿童相框如图7-25所示。

图7-25　儿童相框

7.3.1　知识要点

下面将介绍如何创建剪切蒙版来制作儿童相框，其具体操作步骤如下。

7.3.2　实现步骤

1）在菜单栏中选择"文件"→"打开"命令，打开"素材"→"Cha07"→"005.ai"

文件，如图7-26所示。

图7-26　打开素材文件

2）在"图层"面板中选择"图层1"图层，在工具箱中单击"钢笔工具"，在画板中绘制一个如图7-27所示的图形。

图7-27　绘制图形

3）在菜单栏中选择"文件"→"置入"命令，如图7-28所示。

4）在弹出的"置入"对话框中选择"素材"→"Cha07"→"图01.jpg"文件，如图7-29所示。

5）单击"置入"按钮，在画板中指定置入位置，将选中的素材文件置入画板，单击工具属性栏中的"嵌入"按钮，在画板中调整素材文件的大小，如图7-30所示。

6）在"图层"面板中选择"图像"图层，按住鼠标将其拖拽至"路径"图层的下方，如图7-31所示。

7）在画板中按住<Shift>键选择图像及绘制的图形，右击鼠标，在弹出的快捷菜单中选择"建立剪切蒙版"命令，如图7-32所示。

8）执行该操作后即可建立剪切蒙版，效果如图7-33所示。

图7-28　选择"置入"命令

图7-29　选择素材文件

图7-30　调整素材文件

图7-31　调整图层顺序

图7-32　选择"建立剪切蒙版"命令

图7-33　建立剪切蒙版后的效果

9）使用相同的方法建立其他剪切蒙版，效果如图7-34所示。

图7-34　建立其他剪切蒙版后的效果

7.3.3　知识解析

通过图层可以快速、准确地选择比较难选择的对象，降低了选择对象的难度。

1）在菜单栏中选择"文件"→"打开"命令，打开"素材"→"Cha07"→"006.ai"文件，如图7-35所示。如果要选择单一的对象，则可在"图层"面板中单击 ◯ 图标，当该图标变为 ◎ 时表示该图层被选中，如图7-36所示。

图7-35　打开的文件素材

图7-36　选中整个图层

2）按住<Shift>键并单击其他子图层，可以添加选择或取消选择对象。如果要取消选择图层或群组中的所有对象，在画板的空白处单击，则所有的对象都不被选中，如图7-37所示。

如果要在当前所选择对象的基础上再选择其所在图层中的所有对象，在菜单栏中选择"选择"→"对象"→"同一图层上的所有对象"命令，即可选择该图层上的所有对象，如图7-38所示。

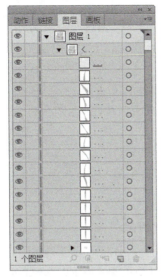

图7-37　未选中对象

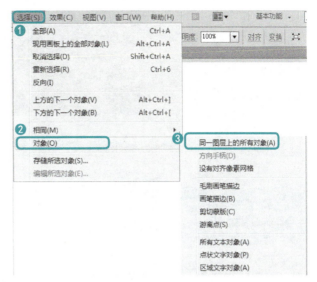

图7-38　选择后的效果

7.3.4　自主练习——照片

打开"素材"→"Cha06"→"007.ai"文件，可以根据上面介绍的建立蒙版的方法动手制作效果如图7-39所示的照片。

图7-39　照片

7.4　卡通鲸鱼

本实例将讲解如何通过图层来制作卡通鲸鱼，效果如图7-40所示。

图7-40 卡通鲸鱼效果图

7.4.1 知识要点

在"图层"面板中,可以通过选择该图形所在的图层复制出多个图层,就可以复制出多个相同的图形。具体操作步骤如下。

7.4.2 实现步骤

1)在菜单栏中选择"文件"→"打开"命令,打开"素材"→"Cha07"→"008.ai"文件,场景如图7-41所示。

2)在"图层"面板中将需要复制的图层拖至到"新建图层"按钮上,如图7-42所示,即可复制该图层。复制后得到的新图层将位于原图层之上,如图7-43所示。

图7-41 打开素材文件

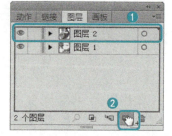

图7-42 将图层拖拽至新建图层按钮上

3)选中复制图层中的对象,调整其位置及大小。调整后的效果如图7-44所示。

图7-43 复制后的效果

图7-44 复制并调整后的效果

7.4.3 知识解析

除了复制图层外，用户还可以对图层进行删除、合并等操作。

1．删除图层

在删除图层时，会同时删除图层中的所有对象，例如，如果删除了一个包含子图层、组、路径和剪切组的图层，那么，所有这些对象会随图层一起被删除。删除子图层时，不会影响图层和图层中的其他子图层。

如果要删除某个图层或组，首先在"图层"面板中选择要删除的图层或组，如图7-45所示，然后单击"删除图层"按钮 🗑 即可删除选择的图层，也可以将图层拖至"删除图层" 🗑 按钮上进行删除。

图7-45 删除图层

2．合并图层

合并图层的功能与拚合图层的功能类似，二者都可以将对象、群组和子图层合并到同一图层或群组中。使用拚合功能只能将图层中的所有可见对象合并到同一图层中。无论使用哪种功能，图层的排列顺序都保持不变，但其他的图层级属性将不会保留，例如，剪切蒙版。

7.4.4 自主练习——合并图层

在合并图层时，图层只能与"图层"面板中相同层级上的其他图层合并，同样，子图层也只能与相同层级的其他子图层合并。

1）在菜单栏中选择"文件"→"打开"命令，打开"009.ai"文件素材，在"图层"面板中选择要合并的图层或组。

2）单击"图层"面板右上角的 按钮，在弹出的下拉菜单中选择"合并所选图层"选项即可合并图层，合并图层的对比图如图7-46所示。

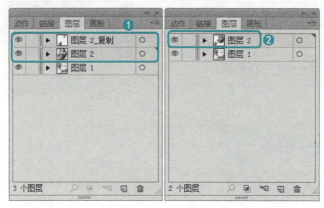

图7-46　合并图层

第8章　符号、图表和样式

【本章导读】

基础知识
- ◆ 新建符号
- ◆ 堆积柱形图工具

重点知识
- ◆ 置入符号
- ◆ 条形图工具

提高知识
- ◆ 饼图工具
- ◆ 雷达工具

在Illustrator中，用户可以通过"图层"面板对图层进行操作及管理。在制作复杂的图形对象时，使用图层将不同的内容进行放置，可以使管理对象变得更为简洁方便，同时，在本章还会对蒙版进行简单的学习。

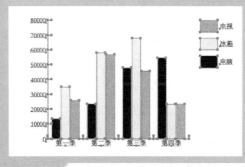

8.1　新建符号

通过使用符号工具和图表工具可以绘制各种符号和创建多种图表，能够明显地提高工作效率。本章将介绍符号、图表工具以及修改图表数据及类型等内容。

本例将介绍Illustrator图形符号的制作，效果如图8-1所示。

图8-1　图形符号效果图

8.1.1 知识要点

Illustrator图形符号的制作与创建。

8.1.2 实现步骤

在Illustrator CC中，用户可以根据需要创建一个新的符号，其具体操作步骤如下：

1）在菜单栏中选择"文件"→"打开"命令，打开"素材"→"Cha08"→"花瓣.ai"文件，效果如图8-2所示。

2）在工具箱中单击"选择工具" ▶，在画板中选择如图8-3所示的对象。

3）在菜单栏中选择"窗口"→"符号"命令，打开"符号"面板，如图8-4所示。

4）在"符号"面板中单击"符号"面板右上角的 ≡ 按钮，在弹出的下拉菜单中可以选择"新建符号"命令，然后在弹出的对话框中将"名称"设置为"花"，将"类型"设置为"图形"，如图8-5所示。

5）设置完成后，单击"确定"按钮即可新建符号，如图8-6所示。

图8-2 打开素材文件　　　　　图8-3 选择对象1

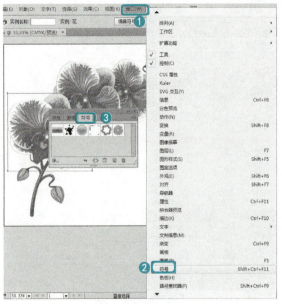
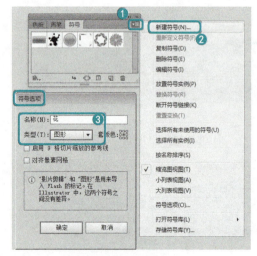

图8-4 选择对象2　　　　　图8-5 选择对象3

图8-6 新建符号后的效果

8.1.3 知识解析

在Illustrator CC中,用户可以对"符号"面板中的符号进行复制,下面介绍如何对符号进行复制,其具体操作步骤如下:

1)在"符号"面板中选择要进行复制的符号,单击"符号"面板右上角的 按钮,在弹出的下拉菜单中选择"复制符号"命令,如图8-7所示。

2)执行该操作后即可复制选中的符号,如图8-8所示。

图8-7 选择"复制符号"命令

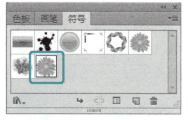

图8-8 复制符号的效果

8.1.4 自主练习——修改符号

在Illustrator CC中,用户可以对"置入"画板中的符号进行修改,例如,缩放比例、旋转等,还可以重新定义该符号,本节的自主练习将练习如何修改符号,其制作思路如下:

1)在画板中选择要修改的符号。

2)在"符号"面板单击"断开符号链接"按钮,断开页面上的符号与"符号"面板中对应的链接。

3)按<Shift+Ctrl+G>组合键取消编组,在工具箱中单击"选择工具"按钮,按住

<Shift>键在画板中选择符号。

4）按<Del>键将选中的对象删除。

5）按住<Shift>键选择剩余的符号，按<Ctrl+G>组合键将其编组，单击"符号"面板右上角的按钮☰，在弹出的下拉菜单中可以选择"重新定义符号"命令。

6）执行该操作后即可完成对符号的修改。

8.2 置入符号

在Illustrator CC中创建的任何作品，无论是绘制的元素，还是文本、图像等，都可以保存成一个符号，在文档中可重复地使用。定义和使用它们都非常简单，通过一个"符号"面板就可以实现对符号的所有控制。每个符号实例都与"符号"面板或符号库中的符号链接，不仅容易对变化进行管理而且可以显著减小文件大小，重新定义一个符号时，所有用到这个符号的案例都可以自动更新成新定义的符号。本例将介绍符号的置入方法，效果如图8-9所示。

图8-9 置入植物素材符号

8.2.1 知识要点

素材的调整、符号库菜单的使用和符号的置入。

8.2.2 实现步骤

在Illustrator CC中，用户可以根据需要将"符号"面板中的符号置入到画板中，下面将介绍如何置入符号，其具体操作步骤如下：

1）在菜单栏中选择"文件"→"打开"命令，打开"素材"→"Cha08"→"天空.jpg"文件，效果如图8-10所示。在属性栏中单击🔗（约束宽度和高度比例）按钮，然后将"宽"设置为"1100pt"。

图8-10 打开素材文件

2）选择"窗口"→"符号"命令，打开"符号"面板，如图8-11所示。

3）在"符号"面板中单击 （符号库菜单）按钮，在打开的下拉菜单中选择"自然"选项，打开"自然"标签面板，如图8-3所示。

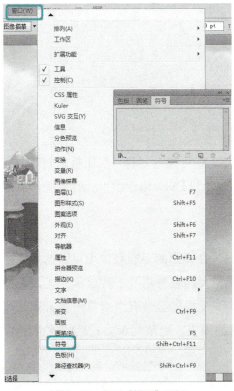

图8-11 打开"符号"面板

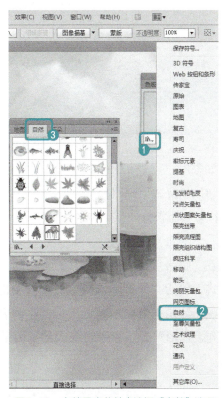

图8-12 在符号库菜单中选择"自然"选项

4）打开的"自然"标签面板如图8-13所示。双击选择几幅植物的符号素材,将其添加至"符号"面板中。

5）在"符号"标签面板中选择一幅植物符号,将其拖拽至视图中,并将其调整至如图8-14所示的位置处即可。

图8-13　选择符号

图8-14　插入符号并调整后的效果

8.2.3 知识解析

如果用户需要在Illustrator CC中创建符号,则可通过"符号"面板来创建,在菜单栏中选择"窗口"→"符号"命令或按<Shift+Ctrl+F11>组合键,执行该操作后即可打开"符号"面板。

1. "符号"面板

在"符号"面板中单击其右上角的按钮,在弹出的下拉菜单中可以选择视图的显示方式,包括"缩览图视图""小列表视图""大列表视图"三种显示方式,其中"缩览图视图"是指只显示缩览图,"小列表视图"是指显示带有小缩览图及名称的列表,"大列表视图"是指显示带有大缩览图及名称的列表。更改显示方式后的效果如图8-15所示。

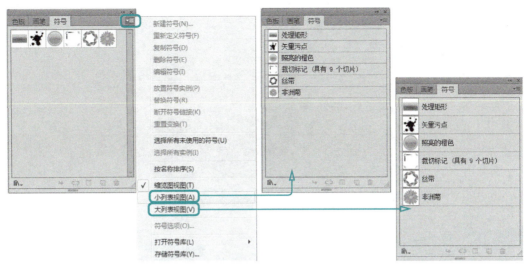

图8-15　更改显示方式后的效果

2. 替换符号

在Illustrator CC中，可以根据需要将置入的符号进行替换，其具体操作步骤如下：

1）在画板中选择要替换的符号，在"符号"面板中选择一个新的符号，如图8-16所示。

2）单击"符号"面板右上角的 按钮，在弹出的下拉菜单中选择"替换符号"命令，如图8-17所示。

3）执行该操作后即可将选中的符号进行替换，替换后的效果，如图8-18所示。

图8-16　"符号"面板

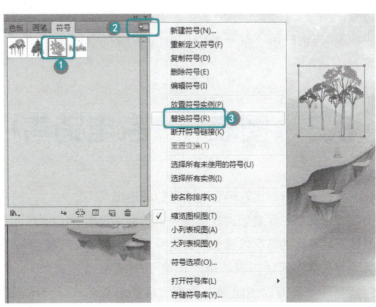

图8-17　选择"替换符号"命令

图8-18　替换符号后的效果

8.2.4 自主练习——符号喷枪工具

下面将介绍如何使用"符号喷枪工具"，效果如图8-19所示。其具体操作步骤如下：

1）在菜单栏中选择"文件"→"打开"命令，打开"素材"→"Cha08"→"卡通兔.ai"文件。

2）在工具箱中单击"符号喷枪工具"，在"符号"面板中选择"雏菊"符号，在画板中单击创建一个符号。

3）再次使用"符号喷枪工具"在画板中创建其他符号。

图8-19　创建其他符号

8.3 图表——家电销售柱状分析图

图表作为一种比较形象、直观的表达形式，不仅可以表示各种数据的数量多少，还可以表示数量增减变化的情况以及部分数量同总数之间的关系等信息。通过图表，用户能易于理解枯燥的数据，更容易发现隐藏在数据背后的趋势和规律。本例将介绍销售柱状图的制作，效果如图8-20所示。

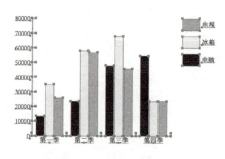

图8-20　家电销售柱状分析图

8.3.1 知识要点

在Illustrator CC中，创建的图表可用柱形来比较数值，可以直观地观察不同形式的数值，例如，要创建柱形图之前，首先要在工具箱中单击"柱形图工具" ，在画板中按住鼠标进行拖动，释放鼠标后，将会弹出一个对话框，如图8-21所示。该对话框中各个选项的功能如下。

1) "导入数据"按钮：单击该按扭，可以弹出"导入图表数据"对话框，在对话框中可以导入其他软件创建的数据作为图表的数据。

2) "换位行/列"按钮：单击该按钮，可以转换行与列中的数据。

3) "切换X/Y"按钮：该按钮只有在创建散点图表时才可用，单击该按钮，可以对调X轴和Y轴的位置。

4) "单元格样式"按钮：单击该按钮可以弹出"单元格样式"对话框，可以在该对话框中设置"小数位数"和"列宽度"。

5) "恢复"按钮：单击该按钮可将修改的数据恢复到初始状态。

6) "应用"按钮：输入完数据后，单击该按钮即可创建图表。

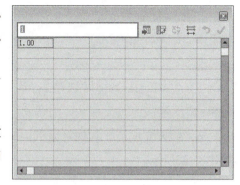

图8-21　图表数据对话框

8.3.2 实现步骤

下面将介绍如何使用柱形图工具，其具体操作步骤如下：

1) 在菜单栏中选择"文件"→"新建"命令，在弹出的"新建"对话框中将"宽度"和"高度"分别设置为"205mm"和"141mm"，如图8-22所示。

2) 设置完成后，单击"确定"按钮，在工具箱中单击"柱形图工具" ，在画板中按住鼠标进行拖动。

3) 选择第1行的第1个单元格的数据，按<Del>

图8-22　"新建文档"对话框

键将其删除,删除该单元格内容可以让Illustrator为图表生成图列,然后单击第1行第2个单元格,输入"计算机",按<Tab>键到该行下一列单元格,继续输入"冰箱""电视",如图8-23所示。

4)在第2行的第1个单元格中输入"第一季",接着在第2行第2列输入数据,将第2行的数据全部输入,如图8-24所示。

图8-23 输入文字

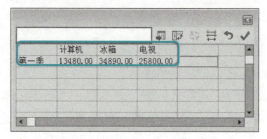

图8-24 在第2行中输入数据

5)按<Enter>键转到第3行第1个单元格,用同样的方法将全部的数据输完,如图8-25所示。

6)输入完成后,在该对话框中单击"应用"按钮即可完成柱形图的创建,其效果如图8-26所示。

图8-25 输入其他数据

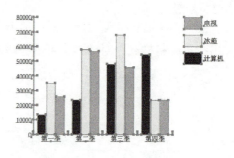

图8-26 完成后的效果

8.3.3 知识解析

1.堆积柱形图工具

堆积柱形图与柱形图有些类似。堆积柱形图是指将柱形堆积起来,这种图表适用于表示部分和总体的关系。下面将介绍堆积柱形图的创建方法,其具体操作步骤如下:

1)在工具箱中单击"堆积柱形图工具",在画板中按住鼠标进行拖动。

2)在弹出的对话框中选择第1行的第1个单元格中的数据,按<Del>键删除,删除该单元格内容可以让Illustrator为图表生成图列,然后单击第1行第1个单元格,输入"材料名称",按<Tab>键到该行下一列单元格,继续输入"每月用量""采购数量""最高存量""平均存量",如图8-27所示。

3)在第2行的第1个单元格中输入"M001",接着在第2行第2列输入数据,将第2行的数据全部输入,如图8-28所示。

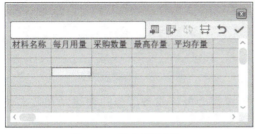

图8-27 输入图例名称

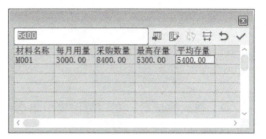

图8-28 输入数据

4)使用同样的方法输入其他数据,如图8-29所示。

5)输入完成后,单击"应用"按钮 ✓ 即可完成堆积柱形图的创建,如图8-30所示。

图8-29 输入其他数据

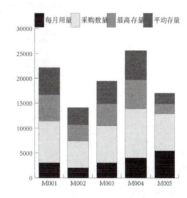

图8-30 创建堆积柱形图后的效果

2. 条形图工具

在Illustrator CC 2017中,条形图与柱形图有些相似,但是唯一不同的是,条形图是水平放置的,而柱形图是垂直放置的,下面将对其进行简单介绍。

下面将介绍如何创建条形图,其具体操作步骤如下:

1)在菜单栏中选择"文件"→"新建"命令,新建一个文件,然后单击工具箱中的"条形图工具",在画板中按住鼠标左键进行拖动,拖动出一个矩形。

2)在弹出的对话框中选择第1行的第1个单元格中的数据,按<Del>键删除,删除该单元格内容可以让Illustrator为图表生成图列,然后单击第1行第1个单元格,输入"姓名",按<Tab>键到该行下一列单元格,继续输入"语文""数学""英语""政治""历史""地理",如图8-31所示。

3)在第2行的第1个单元格中输入"李亮",接着在第2行第2列输入数据,将第2行的数据全部输完,然后按<Enter>键转到第3行第1个单元格,使用同样的方法输入其他数据,如图8-32所示。

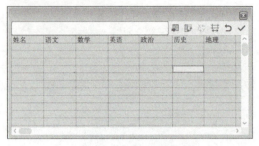

图8-31 输入图例

图8-32 输入其他数据

4)输入完成后,在该对话框中单击"应用"按钮即可完成条形图的创建,其效果如图8-33所示。

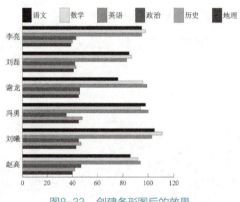

图8-33 创建条形图后的效果

3. 堆积条形图工具

下面将介绍如何创建堆积条形图,其具体操作步骤如下:

1)在菜单栏中选择"文件"→"新建"命令,新建一个文件,然后单击工具箱中的"堆积条形图工具",在画板中按住鼠标左键进行拖动,拖动出一个矩形。输入相应的数据,如图8-34所示。

2)输入完成后,在该对话框中单击"应用"按钮即可完成堆积条形图的创建,其效果如图8-35所示。

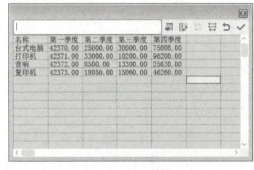

图8-34 输入数据

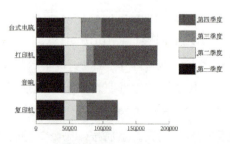

图8-35 堆积条形图

在Illustrator CC中,"折线图工具" 用于创建折线图,折线图使用点来表示一组或多组数据,并且将每组中的点用不同的线段连接起来。这种图表类型常用于表示一段时间内一个或多个事物的变化趋势,例如,可以用来制作股市行情图等,其具体操作步骤如下:

1)在菜单栏中选择"文件"→"新建"命令,新建一个文件,然后单击工具箱中"折线图工具" ,在画板中按住鼠标左键进行拖动,拖动出一个矩形。输入相应的数据,如图8-36所示。

2)输入完成后,在该对话框中单击"应用"按钮 ,即可完成折线图的创建,其效果如图8-37所示。

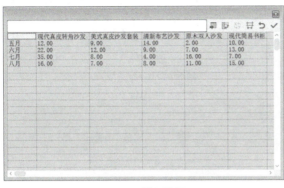

图8-36　输入数据　　　　　　　　　图8-37　折线图

4. 面积图工具

"面积图工具"用于创建面积图。面积图主要强调数值的整体和变化情况,下面将介绍如何创建面积图,其具体操作步骤如下:

1)按<Ctlr+N>组合键新建一个空白文档,在工具箱中单击"面积图工具" ,在画板中按住鼠标左键进行拖动,拖动出一个矩形,输入数据,如图8-38所示。

2)输入完成后,在该对话框中单击"应用"按钮 ,即可完成面积图的创建,其效果如图8-39所示。

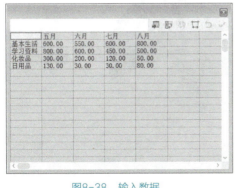 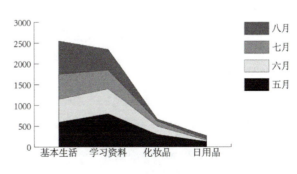

图8-38　输入数据　　　　　　　　　图8-39　面积图

5. 散点图工具

"散点图工具"用于创建散点图。散点图沿X轴和Y轴将数据点作为成对的坐标组进行绘制，可用于识别数据中的图案和趋势，还可以表示变量是否互相影响，如果散点图是一个圆，则表示数据之间的随机性比较强，如果散点图接近直线，则表示数据之间有较强的相关关系。创建散点图的具体操作步骤如下：

1）按<Ctlr+N>组合键新建一个空白文档，在工具箱中单击"散点图工具" ，在画板中按住鼠标左键进行拖动，拖动出一个矩形，输入相应的数据，如图8-40所示。

2）输入完成后，在该对话框中单击"应用"按钮，即可完成散点图的创建，其效果如图8-41所示。

图8-40　输入相应的数据　　　　　　图8-41　散点图

6. 饼图工具

饼图是把一个圆划分为若干个扇形面，每个扇形面代表一项数据值，不同颜色的扇形表示所比较的数据的相对比例，创建饼图的具体操作步骤如下：

1）单击工具箱中"饼图工具" ，在画板中按住鼠标左键进行拖动，拖动出一个矩形，输入相应的数据，效果如图8-42所示。

2）输入完成后，在该对话框中单击"应用"按钮即可完成饼图的创建，其效果如图8-43所示。

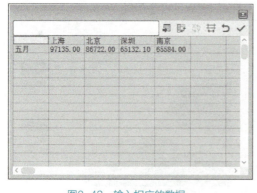 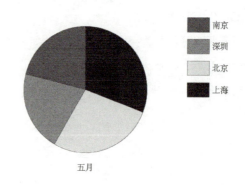

图8-42　输入相应的数据　　　　　　图8-43　饼图

7. 雷达图工具

雷达图可以在某一特定时间点或特定数据类型上比较数值组，并以圆形格式显示出来，这种图表也称为"网状图"，下面将介绍如何创建雷达图，其具体操作步骤如下：

1）按<Ctlr+N>组合键新建一个空白文档，在工具箱中单击"雷达图工具"，在画板中按住鼠标左键进行拖动，拖动出一个矩形，输入相应的数据，如图8-44所示。

2）输入完成后，在该对话框中单击"应用"按钮即可完成雷达图的创建，其效果如图8-45所示。

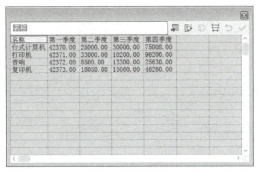

图8-44 输入相应的数据

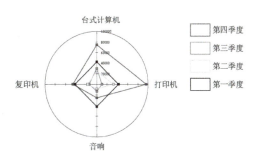

图8-45 雷达图

8.3.4 自主练习——为数值轴添加标签

在Illustrator CC中，用户可以根据需要在"图表类型"对话框中设置数值轴的刻度值、刻度线以及为数值轴添加标签等。下面将介绍如何为数值轴添加标签，效果如图8-46所示，其具体操作步骤如下：

1）使用"选择工具"在画板中选择要进行设置的图表，在菜单栏中选择"对象"→"图表"→"类型"命令。

2）执行该操作后即可打开"图表类型"对话框，在该对话框中左上角的下拉类表中选择"数值轴"命令。

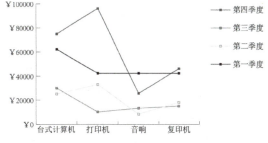

图8-46 为数值轴添加标签

3）在"添加标签"选项组中的"前缀"文本框中输入，设置完成后，单击"确定"按钮。

8.4 制作书签

书签是指为标记阅读到什么地方记录阅读进度而夹在书里的小薄片儿，多用纸或赛璐珞等制成，本案例将介绍如何在Illustrator CC中制作书签，其效果如图8-47所示。

图8-47　书签效果图

8.4.1 知识要点

圆角矩形的绘制、CMYK、画笔工具的使用、符号库的使用、图形的绘制与编辑。

8.4.2 实现步骤

1）启动Illustrator CC，在菜单栏中选择"文件"→"新建"命令，如图8-48所示，然后在弹出的对话框中将"宽度"和"高度"分别设置为"216mm"和"392mm"，如图8-49所示。

2）设置完成后，单击"确定"按钮即可创建一个新的文档，在工具箱中单击"圆角矩形工具"，在画板中绘制一个圆角矩形，如图8-50所示。

3）双击"填色"弹出"拾色器"对话框，将CMYK值设置为"3、1、6、0"，如图8-51所示，将"描边颜色"设置为无，单击"确定"按钮，填充圆角矩形颜色，效果如图8-52所示。

4）在工具箱中的"选择工具"中选择矩形边框，双击工具箱中的"描边"，在弹出的"拾色器"对话框中将CMYK值设置为"37、21、19、0"，如图8-53所示，单击"确定"按钮，效果如图8-54所示。

5）选择绘制的矩形，在工具栏中将"描边粗细"设置为"1pt"，单击"画笔定义"按钮，在弹出的列表框中单击按钮，在弹出的下拉列表中选择"打开画笔库"→"毛刷画笔"→"炭笔-羽毛"命令，如图8-55所示，描边效果如图8-56所示。

第8章 符号、图表和样式

图8-48 选择"新建"命令 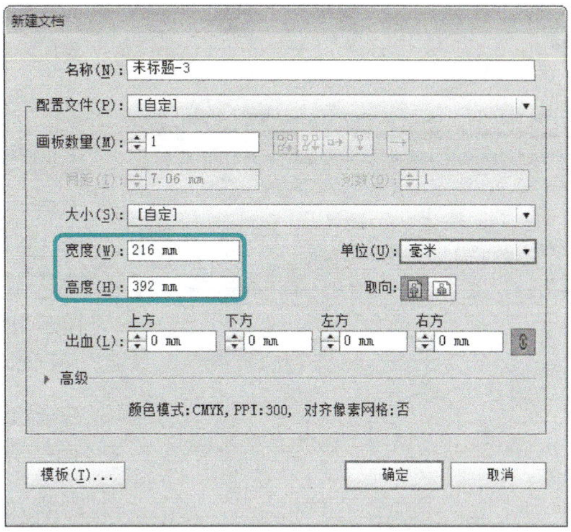　　　　图8-49 "新建文档"对话框

图8-50 在画板中绘制矩形

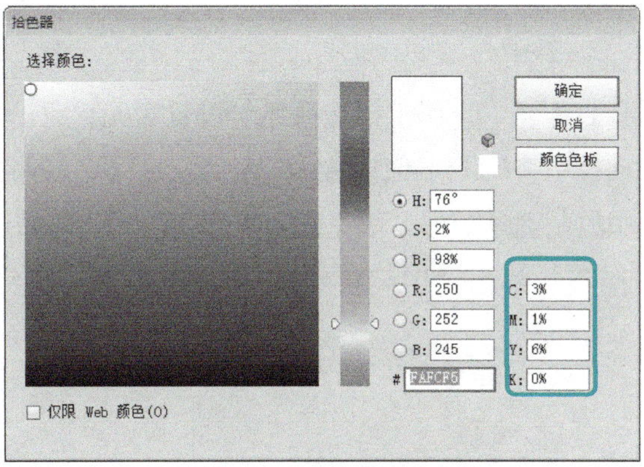

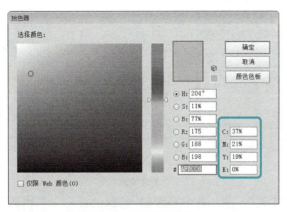

图8-51 设置填充颜色

图8-52 填充圆角矩形颜色

图8-53 设置描边颜色　　　　图8-54 为圆角矩形描边

— 191 —

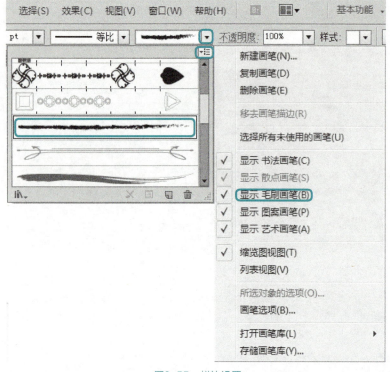

图8-55 描边设置　　　　　　　　　图8-56 设置描边图

6）选择"圆角矩形工具" ，将"描边颜色"设置为无，双击工具箱中的"填色"，在弹出的"拾色器"对话框中将CMYK值设置为"3、1、6、0"，如图8-57所示，单击"确定"按钮，然后在画板中绘制圆角矩形，填充圆角矩形颜色，效果如图8-58所示。

7）打开"图层"面板，单击"图层1" ▶ 按钮，选中顶层路径，单击将其拖至最下层，如图8-59所示。

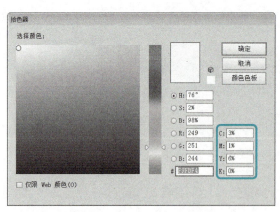
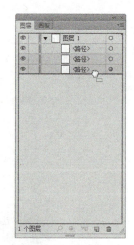

图8-57 设置填充颜色　　　图8-58 填充　　　图8-59 调整路径
　　　　　　　　　　　　圆角矩形颜色

8）选择工具箱中的"选择工具" ，选中步骤6）绘制的矩形，单击调整其大小及位置，如图8-60所示。

9）选择工具箱中的"圆角矩形"，将"描边颜色"设置为无，双击"填色"，在弹出的"拾色器"对话框中将CMYK值设置为"21、0、13、0"，如图8-61所示，单击"确定"按钮，然后在画板中绘制矩形，效果如图8-62所示。

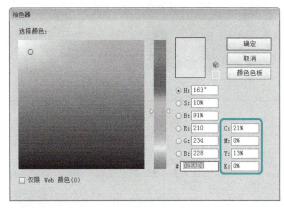

图8-60　调整矩形位置　　　　　图8-61　设置填充颜色

10）同上述步骤调整其大小和位置，如图8-63所示。

11）选择工具箱中的"文字工具"，输入文字，打开"字符"面板选择文字"FLOWER"，将"字体系列"设置为"华文琥珀"，将"字体大小"设置为"72pt"，如图8-64所示。

图8-62　填充圆角矩形颜色　　图8-63　调整圆角矩形位置及大小　　图8-64　设置字体大小

12）选中"FLOWER"，双击"填色"工具弹出"拾色器"对话框，将CMYK值设置为"61、35、27、0"，如图8-65所示，单击"确定"按钮，调整其位置，如图8-66所示。

13）综合上述方法设置其他文本，将其"字体"设置为"华文仿宋"，"字体大小"设置为"36pt"，如图8-67所示。

14）综合上述方法设置其文字颜色，将CMYK值设置为"66、66、80、27"，如图8-68所示，单击"确定"按钮，调整其位置，如图8-69所示。

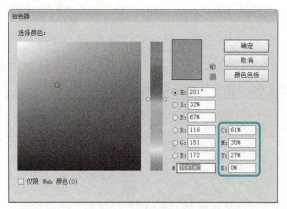

图8-65　填充字体颜色　　　　　　　　　图8-66　调整文字位置

图8-67　设置字体大小　　　图8-68　填充文字颜色　　　图8-69　调整其位置

15）在菜单栏中选择"窗口"→"符号"命令弹出如图8-70所示的"符号"面板，单击"符号"面板右上角的 按钮，在弹出的下拉列表中选择"打开符号库"→"自然"命令，如图8-71所示。

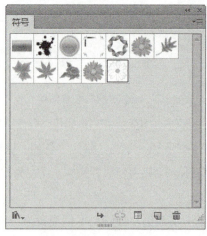

图8-70　弹出"符号"面板

图8-71 选择"打开符号库"命令

16)执行该操作后即可打开"自然"面板,如图8-72所示,在"自然"面板中选择"枫叶2",在工具箱中选择"符号喷枪工具" ,在画板中单击即可创建一个符号效果,如图8-73所示。

17)用相同的方法再次创建一个"枫叶2"符号,如图8-74所示。

图8-72 打开"自然"面板

图8-73 创建符号1

图8-74 创建符号2

18)选择工具箱中的"椭圆工具" ,在画板中创建一个椭圆,双击工具箱中的"填色",在弹出的"拾色器"面板中将CMYK值设置为"12、1、6、0",效果如图8-75所示。

19）用相同的方式再创建一个椭圆，将CMYK值设置为"3、1、6、0"，调整其大小位置，如图8-76所示。

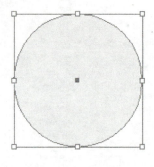
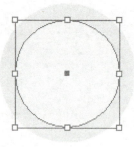

图8-75　创建椭圆　　　　　　　　图8-76　填充椭圆

20）用相同的方式依次创建椭圆，效果如图8-77所示。

21）在工具箱中单击"选择工具"，在画板中选中所绘制的椭圆，如图8-78所示。

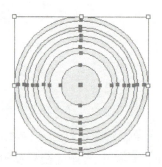

图8-77　依次创建椭圆　　　　　　图8-78　选中椭圆

22）打开"符号"面板，单击"符号"面板右上角的按钮，在弹出的下拉菜单中选择"新建符号"命令，如图8-79所示。在弹出的对话框中将"名称"设置为"圆"，将"类型"设置为"图形"，如图8-80所示。

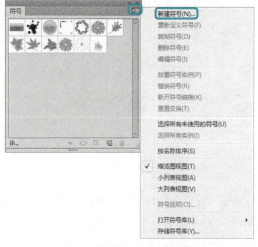
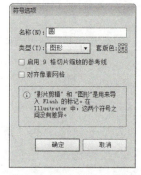

图8-79　选择"新建符号"　　　　　图8-80　设置"符号选项"

设置完成后,单击"确定"按钮即可新建符号,效果如图8-81所示。

23)打开"符号"面板,选择"圆",在工具箱中选择"符号喷枪工具",依次在画板中创建符号,并调整其大小和位置,如图8-82所示。

图8-81 新建符号　　　　　图8-82 调整符号

24)打开"图层"面板,将"圆"符号路径全部调至文字图层和"枫叶"路径之下,如图8-83所示。

25)打开"素材"→"Cha05"→"花.png"文件,选择完成后,单击"打开"按钮即可将素材文件打开,如图8-84所示,调整其在文本中的位置。

26)选择工具箱中的"钢笔工具"  绘制树枝路径,如图8-85所示。

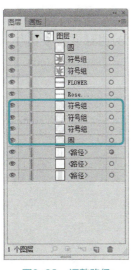

图8-83 调整路径　　　　图8-84 打开素材　　　　图8-85 绘制路径

27)选中树枝路径,在工具箱中双击"填色",弹出"拾色器"对话框,将CMYK值设置为"35、33、47、0",如图8-86所示。单击"确定"按钮,填充树枝颜色,如图8-87所示。

28）在菜单栏中选择"文件"→"存储为"命令，弹出"存储为"对话框，在该对话框中设置正确的存储路径，将"文件名"设置为"书签"，将"保存类型"设置为"Adobe Illustrator"，设置完成后单击"保存"按钮即可将场景进行保存。

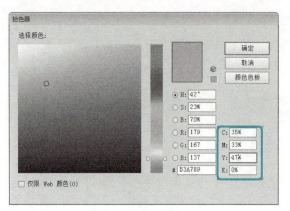

图8-86 设置树枝颜色

图8-87 填充颜色

8.4.3 知识解析

通常在制作贺卡或卡片时会疏忽一些不明显的小漏洞，然而这些小漏洞就会在打印的时候出现问题。这正是所谓的陷阱。

一、底色陷阱

在设计制作中，为彩色印刷品满铺一个底色是常见的手法，正确的底色设置不但可以提高印刷品质量，提高工作效率，还可以节约成本。根据底色的明暗程度可分为"黑色底""浅色底"，如图8-88所示。

图8-88 底色的明暗程度

1．"黑色底"避四色黑

大面积的单色黑块"C=0，M=0，Y=0，K=100"在印刷时可能会出现颜色不均匀的问题。为了使黑块更加均匀，可以在黑色块中增加一些青色，如"C=30，M=0，Y=0，K=100"至"C=80，M=0，Y=0，K=100"的黑色。增加青色的多少取决于黑色块的面积，面积越大，需要加的青色就越多。

为什么不能直接设置成单色黑K100或者四色黑CMYK=100呢？因为K100的黑印刷出来显得并不是很饱满，尤其是高速运转的印刷机有可能造成网点不实，而青版油墨的补充能弥补单色黑的不足。四色黑虽然看上去很饱满，但由于墨量太大，油墨不容易干，易造成过背蹭脏，同时也会拉长印刷周期。

2．"黑色底"就黑色图

当一张带着黑边的图片要放到黑底的上面时，这个黑应该如何设置呢？将两种黑色设置成一样的数值，图片和底色就能够融合得很好，如图8-89所示。

1）在Photoshop软件中打开素材，然后选择"窗口"→"信息"命令，打开"信息"调板。然后将光标移至图片黑色部分，确认黑色图片的数值，如图8-90所示。

图8-89　图片和黑色底的融合

图8-90　打开素材

2）在Illustrator软件中打开"色板"调板设定黑色色值，如图8-91所示。

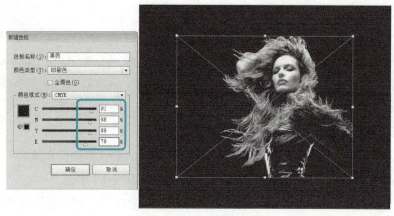

图8-91 设置颜色

3. "浅色底"避黑

"黑色底"设置需小心,"浅色底"设置也有"避黑"讲究。所谓"避黑"就是在浅色底色设置时,尽量让黑版数值为0,避开文字使用的单黑,如图8-92所示。

"避黑"的好处是在出完菲林片后,如果发现还有少量的文字错误,则可以直接在菲林片上进行修改,从而节省了时间和成本。

图8-92 "浅色底"避黑

二、文字陷阱

这里的文字陷阱包括文字字体陷阱和文字颜色的陷阱。

1. 文字字体陷阱

1) 系统字的麻烦。系统字是计算机中用于显示文字的一些字体,例如,"黑体"和"宋体",如图8-93所示。如果文件中使用了系统字,则在出菲林片时,有可能报错或者出现乱码,选择字体的时候尽量选择非系统字。

2) 字体的选择。设计制作时,对字号比较小的反白文字字体选择也有设定规矩,因为印刷是一个套印过程,笔画太细不容易套准或者糊版,如图8-94所示。

图8-93 文字字体　　　　　　　　　图8-94 选择字体

对这些反白小字最好选择横竖笔画等宽的字体，例如，"中黑""中等线""楷体"等，而像"宋体"等一些非等宽的字体最好不要选择，如图8-95所示。

图8-95 选择"宋体"字体

2．文字颜色的陷阱

字号比较小的文字颜色设置不正确也比较容易引发印刷事故，最好的选择是使用单色或者双色文字，颜色太多很容易造成套印不准的事故，如图8-96所示。

图8-96　单色与双色的字体颜色

三、尺寸陷阱

设置正确的尺寸是得到正确印刷品的基础。不管是设计师还是客户，尺寸是最容易被忽略的，这已经成为最容易出现的印刷事故，并且造成的损失也最大。

在平面设计中，尺寸分为两种：一种叫成品尺寸，另一种是印刷尺寸。成品尺寸是指印刷品裁切后的实际尺寸；印刷尺寸是指印刷品裁切前包含了出血的尺寸。在开始设计之前，一定要确认拿到的是哪种尺寸，然后在软件中进行相应设置，如图8-97所示。

图8-97　两种尺寸类型的表现

一些设计品常用的标准尺寸，见表8-1。

表8-1　常用的标准尺寸

设计品	尺　　寸
名片	横版：90mm×55mm（方角）　85mm×54mm（圆角） 竖版：90mm×50mm（方角）　85mm×54mm（圆角） 方版：90mm×90mm　90mm×95mm
IC卡	85mm×54mm
三折页广告	（A4）210mm×285mm
普通宣传册	（A4）210mm×285mm
文件封套	220mm×305mm

续表

设计品	尺寸
招贴画	540mm×380mm
手提袋	400mm×285mm×80mm
信纸/便条	185mm×260mm/210mm×285mm

> **提示**
>
> ▶ A4是设计者常用的设计成品尺寸，通常用到得A4都是210mm×285mm，而210mm×297mm是打印纸的尺寸，在印刷中没有适合210mm×297mm的纸。所以有些设计师经常会错误设置A4的尺寸，A4 210mm×285mm才是标准的印刷品尺寸。

8.4.4 自主练习——国内金价动态柱体跟踪图

制作本例的主要目的是熟悉掌握Illustrator CC中绘制精美柱体的方法。在本例中主要使用"矩形工具"和"钢笔工具"绘制出柱体，使用"箭头形状工具"绘制箭头，并对柱体进行高光和投影设计，如图8-98所示。

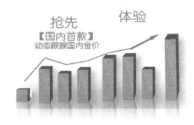

图8-98 最终效果

1）创建一个新文档，然后单击"矩形工具"，绘制矩形，绘制完成后双击"填色"，在弹出的"拾色器"对话框中将CMYK值设置为"5、66、87、0"，单击"确定"按钮填充矩形颜色，取消轮廓线。

2）使用"钢笔工具" 绘制线条，绘制完成后双击"填色"，在弹出的"拾色器"对话框中将CMYK值设置为"53、87、100、34"，单击"确定"按钮，取消轮廓线。

3）这个柱体完成后用相同的方法继续绘制图形，并为其填充颜色，取消其轮廓线。

4）选择工具箱中的"钢笔工具"绘制图形。绘制完成后使用"转换工具"对所绘制的图形进行调整，为绘制的区域填充白色并取消轮廓线填充。

5）选择绘制的高光图形，设置"不透明度"为"10%"。

6）使用相同的方法继续为其他柱体添加高光，并设置其不透明度。

7）选择工具箱中的"钢笔工具"绘制折线图形，选择绘制的折线图形，双击"填色"，在弹出的"拾色器"对话框中设置颜色为红色，将CMYK值设置为"0、100、100、0"，单击"确定"按钮，打开"描边"对话框，设置"宽度"为"1.5pt"，单击"确定"按钮。

8）选择"窗口"→"符号"命令，在弹出的"符号"面板中单击"符号"面板右上角的▼按钮，在弹出的下拉列表中选择"打开符号库"→"箭头"命令，选择箭头形状，将其颜色设置成红色CMYK为"0、100、100、0"，取消轮廓线填充。

9）选择"椭圆工具"绘制椭圆，选中绘制的椭圆，双击工具箱中的"填色"，在弹出的"拾色器"对话框中将CMYK值设置为"13、13、0、0"，单击"确定"按钮，取消轮廓线。

10）确定绘制的椭圆处于选择状态，调整至柱体下方，选择"效果"→"模糊"→"高斯模糊"命令，在打开的"高斯模糊"对话框中将"半径"设置为"50"。

11）选中所有柱体，选择工具箱中的"镜像工具"，在弹出的"镜像"对话框中将"轴"设置为"水平"，单击"复制"按钮。

12）选中复制的图形，将工具栏中的"不透明度"设置为"30%"。

13）选择工具箱中的"矩形工具"，在文本中绘制矩形，将其颜色填充为白色，双击工具箱中的"渐变工具"，弹出"渐变"对话框，将其"类型"选为"线性"，将"角度"设置为"-90°"，单击左边第一个渐变滑块将"不透明度"设置为"50%"。

14）选择上方所有柱体，选择"效果"→"风格化"→"投影"命令弹出"投影"对话框，将其"不透明度"设置为"32%"，单击"确定"按钮。

15）选择工具箱中的"文字工具"，在主题上方输入文本，选中输入文本，双击"填色"，在弹出的"拾色器"对话框中将CMYK值设置为"0、100、100、0"。

16）打开字符面板将"字体"设置为"幼圆"，"字体大小"设置为"24pt"。

17）用相同的方法在矩形中输入文本，并设置文本的颜色、大小、字体。精美柱体绘制完成。

第9章 应用效果和滤镜

【本章导读】

基础知识
◇ 裁剪标记
◇ 滤镜的使用方法

重点知识
◇ 凸出主角
◇ 3D立体字

提高知识
◇ "影印"滤镜
◇ "高斯模糊"滤镜

通过Illustrator CC所提供的效果命令，可以得到很多特殊效果。效果能够快速改变对象的外观，得到特殊效果，但是并不改变图形对象本身（即改变以后是可恢复的）。Illustrator CC早期版本包含效果和滤镜，但现在Illustrator只包括效果。滤镜和效果之间的主要区别是：滤镜可永久改变对象或图层，而效果及其属性可随时被更改或删除。

9.1 旅游攻略画册内页

本实例主要讲解"创建对象马赛克"命令和"裁剪标记"命令的使用，重点掌握"首选项"对话框中日式剪裁标记选项的使用等，效果如图9-1所示。

图9-1 "裁剪标记"效果图

1）在菜单栏中选择"文件"→"打开"命令，选择"素材"→"Cha09"→"裁剪标记.ai"文件，如图9-2所示。

2）选择素材图片，在菜单栏中选择"对象"→"创建对象马赛克"命令，此时弹出"创建对象马赛克"对话框，在对话框中进行如图9-3所示的参数设置，单击"确定"按钮。

图9-2 打开素材文件

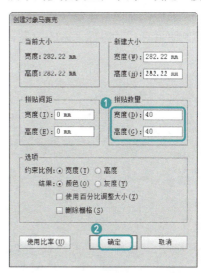

图9-3 "创建对象马赛克"对话框

3）应用该命令后的图像效果，如图9-4所示。

4）按<Ctrl+Z>组合键撤销上一步操作，然后选择"效果"→"裁剪标记"命令，应用后的效果如图9-5所示。

图9-4　应用马赛克后的效果

图9-5　应用裁剪标记效果

5）按<Ctrl+Z>组合键撤销上一步操作，然后选择"编辑"→"首选项"→"常规"命令，弹出"首选项"对话框，在该对话框中勾选"使用日式裁剪标记"复选框，单击"确定"按钮，如图9-6所示。

> **提示**
>
> ▶在菜单栏中选择"文件"→"打开"命令，打开"打开"对话框。在工作区域内双击鼠标左键也可以打开"打开"对话框。按住<Ctrl>键单击需要打开的文件，可以打开多个不相邻的文件，按住<Shift>键单击需要打开的文件，可以打开多个相邻的文件。

6）使用日式裁剪标记后的效果，如图9-7所示。

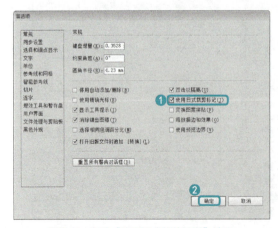
图9-6　勾选"使用日式裁剪标记"选项

图9-7　使用日式裁剪标记后的效果

9.2 水墨画

下面介绍水墨画的制作，完成的效果，如图9-8所示。

图9-8 水墨画效果图

9.2.1 知识要点

本实例通过添加"影印"滤镜来制作水墨画效果。

9.2.2 实现步骤

1）打开"素材"→"Cha09"→"水墨画.ai"文件，如图9-9所示。

图9-9 打开的文件

2）在文档中选择图像，在菜单栏中选择"效果"→"素描"→"影印"命令，在弹出的"影印"滤镜库中设置"细节"为"21"，"暗度"为"10"，如图9-10所示。

图9-10　设置影印参数

3）设置影印参数后的效果，如图9-11所示。

图9-11　完成的水墨画效果

9.2.3　知识解析

1）"影印"滤镜可以模拟影印图像的效果。大的暗区趋向于只复制边缘四周，而中间色调不是纯黑色就是纯白色。

2)"细节":用来设置图像细节的保留程度。

3)"暗度":用来设置图像暗部区域的强度。

9.2.4 自主练习——制作玻璃效果

下面介绍使用"玻璃"滤镜制作玻璃效果,完成的效果如图9-12所示。

图9-12 玻璃效果图

1)打开"素材"→"Cha09"→"玻璃效果.ai"文件。在"图层"面板,拖拽"图层1"至"创建新图层"按钮上,复制图层副本,选择副本图层。

2)选择工具箱中的"矩形工具",在画板中创建矩形。选择上方的复制后的图片和矩形对象,然后在菜单栏中选择"对象"→"剪切蒙版"→"创建"命令,可以在"图层"面板中将"图层1"隐藏看一下效果,然后将图层显示。

3)在"图层"面板中选择图层副本,在菜单栏中选择"效果"→"扭曲"→"玻璃"命令,在弹出的对话框中选择"纹理"为"磨砂",设置"扭曲度"为"20","平滑度"为"3",单击"确定"按钮。

4)选择图层副本,在菜单栏中选择"效果"→"3D(3)"→"凸出和斜角"命令,在弹出的对话框中设置"指定绕X轴旋转"为"-1"、"指定绕Y轴旋转"为"-5"、"指定绕Z轴旋转"为"0",设置"凸出厚度"为"30pt",单击"确定"按钮。

9.3 凸出主角

本例介绍凸出主角的制作,完成后的效果,如图9-13所示。

图9-13 凸出主角

9.3.1 知识要点

本实例通过添加"高斯模糊"滤镜来制作凸出主角效果。

9.3.2 实现步骤

1)打开"素材"→"Cha09"→"凸出主角.ai"文件,如图9-14所示。
2)在打开的文件中选择如图9-15所示的人物。

图9-14 打开的素材文件

图9-15 选择对象

3）在菜单栏中选择"选择"→"反向"命令，如图9-16所示。

4）反选后的效果，如图9-17所示。

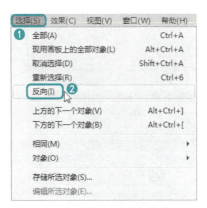 

图9-16 选择"反向"命令　　　　图9-17 选择对象

5）在菜单栏中选择"效果"→"模糊"→"高斯模糊"命令，在弹出的"高斯模糊"对话框中设置"半径"为"2"像素，如图9-18所示。

6）完成后的效果如图9-19所示。

图9-18 设置"高斯模糊"参数　　　　图9-19 完成后的效果

9.3.3 知识解析

"高斯模糊"滤镜以可调节的量快速模糊对象，移去高频出现的细节，并和参数产生一种朦胧的效果。

调整"半径"值可以设置模糊的范围，它以像素为单位，数值越高模糊效果越强烈。

9.3.4 自主练习——拼图

下面介绍拼图效果的制作，如图9-20所示。

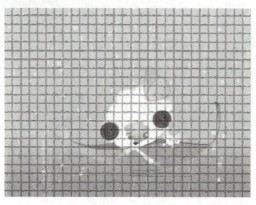

图9-20 拼图效果

1) 打开"素材"→"Cha09"→"拼图.ai"文件。

2) 选择图像，在菜单栏中选择"效果"→"纹理"→"马赛克拼贴"命令，在弹出的"马赛克拼贴"滤镜库中设置"拼贴大小"为"100"、"缝隙宽度"为"15"、"加亮缝隙"为"5"，单击"确定"按钮。

9.4　3D立体字

本实例进行立体字的设计制作，效果如图9-21所示。

图9-21 立体字效果图

9.4.1 知识要点

使用户掌握"文字工具""凸出和斜角"命令和"投影"命令等的使用。

9.4.2 实现步骤

1）新建一个空白文件，使用"文字工具"，在页面中合适的位置输入文字"ONLY YOU！"，参照图9-22设置"字体"为"方正超粗黑简体"，"字体大小"为"105pt"。

2）在"颜色"面板中分别更改文字的颜色，如图9-23所示。

图9-22 设置文字的字体和字体大小　　　　　图9-23 设置文字的颜色

3）使用"选择工具"，单击选择"ONLY"中的字母"O"，选择"效果"→"3D"→"凸出和斜角"命令，在弹出的"3D凸出和斜角选项"对话框中参照图9-24所示的参数进行设置，设置完成后单击"确定"按钮。

4）完成后的效果如图9-25所示。

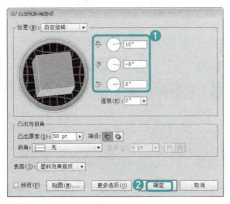

图9-24 设置"3D凸出和斜角选项"参数1　　　图9-25 应用"3D凸出和斜角选项"后的效果1

5）使用"选择工具"，单击选择"ONLY"中的字母"N"，选择"效果"→"3D"→"凸出和斜角"命令，在弹出的"3D凸出和斜角选项"对话框中参照图9-26所示的参数进行设置，设置完成后单击"确定"按钮。

6）完成后的效果如图9-27所示。

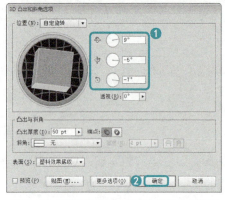

图9-26 设置"3D凸出和斜角选项"参数2　　　　图9-27 应用"3D凸出和斜角选项"后的效果2

7）使用"选择工具"，单击选择"ONLY"中的字母"L"，选择"效果"→"3D"→"凸出和斜角"命令，在弹出的"3D凸出和斜角选项"对话框中参照图9-28所示的参数进行设置，设置完成后单击"确定"按钮。

8）完成后的效果如图9-29所示。

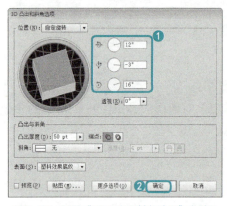
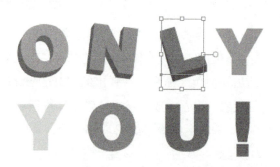

图9-28 设置"3D凸出和斜角选项"参数3　　　　图9-29 应用"3D凸出和斜角选项"后的效果3

9）使用"选择工具"，单击选择"ONLY"中的字母"Y"，选择"效果"→"3D"→"凸出和斜角"命令，在弹出的"3D凸出和斜角选项"对话框中参照图9-30所示的参数进行设置，设置完成后单击"确定"按钮。

10）完成后的效果如图9-31所示。

11）使用"选择工具"，单击选择"YOU"字母中的"Y"，选择"效果"→"3D"→"凸出和斜角"命令，在弹出的"3D凸出和斜角选项"对话框中参照图9-32所示的参数进行设置，设置完成后单击"确定"按钮。

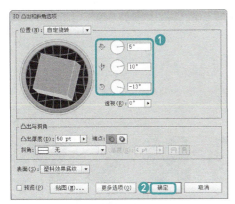

图9-30 设置"3D凸出和斜角选项"参数4

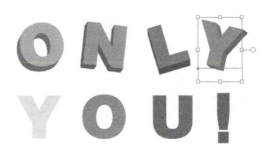

图9-31 应用"3D凸出和斜角选项"后的效果4

12)完成后的效果如图9-33所示。

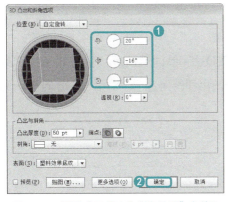

图9-32 设置"3D凸出和斜角选项"参数5

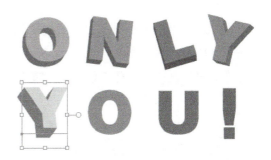

图9-33 应用"3D凸出和斜角选项"后的效果5

13)使用"选择工具",单击选择"YOU"字母中的"O",选择"效果"→"3D"→"凸出和斜角"命令,在弹出的"3D凸出和斜角选项"对话框中参照图9-34所示的参数进行设置,设置完成后单击"确定"按钮。

14)完成后的效果如图9-35所示。

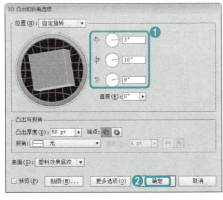

图9-34 设置"3D凸出和斜角选项"参数6

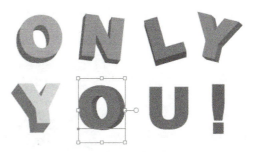

图9-35 应用"3D凸出和斜角选项"后的效果6

15)使用"选择工具",单击选择"YOU"字母中的"U",选择"效果"→"3D"→

"凸出和斜角"命令，在弹出的"3D凸出和斜角选项"对话框中参照图9-36所示的参数进行设置，设置完成后单击"确定"按钮。

16）完成后的效果如图9-37所示。

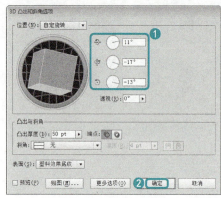

图9-36　设置"3D凸出和斜角选项"参数7

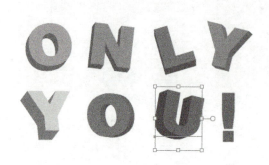

图9-37　应用"3D凸出和斜角选项"后的效果7

17）使用"选择工具"，单击选择"ONLY YOU"单词后面的"！"，选择"效果"→"3D"→"凸出和斜角"命令，在弹出的"3D凸出和斜角选项"对话框中参照图9-38所示的参数进行设置，设置完成后单击"确定"按钮。

18）完成后的效果如图9-39所示。

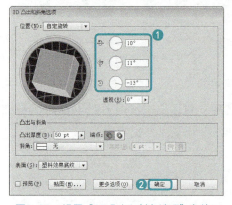

图9-38　设置"3D凸出和斜角选项"参数8

图9-39　应用"3D凸出和斜角选项"后的效果8

19）使用"选择工具"，拖拽鼠标并依照图9-40所示对视图中的字母图形。

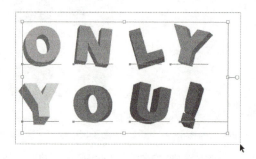

图9-40　选择字母

20）选择"效果"→"风格化"→"投影"命令，在打开的"投影"对话框中将"模式"设置为"正片叠底"，"不透明度"设置为"75%"，"X位移"设置为"2mm"、"Y位移"设置为"2mm"，"模糊"设置为"0.5mm"，设置完成后单击"确定"按钮，如图9-41所示。

21）完成后的效果如图9-42所示。

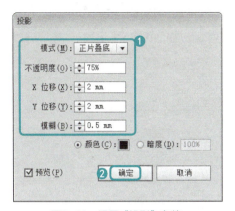

图9-41 设置"投影"参数

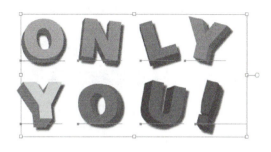

图9-42 应用"投影"后的效果

22）打开"素材"→"Cha09"→"3D立体字.ai"文件，如图9-43所示。

23）使用"选择工具"，选择图形将其移动至如图9-44所示的位置处。

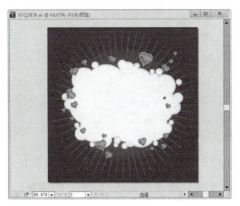

图9-43 打开素材

图9-44 最终效果图

9.4.3 知识解析

3D效果可以从二维图稿创建三维对象。可以通过高光、阴影、旋转及其他属性来控制3D对象的外观。还可以将图稿贴到3D对象中的每一个表面上。

1. 凸出和斜角

在Illustrator中的3D凸出和斜角效果命令，可以通过挤压平面对象的方法为平面对象增加厚度来创建立体对象。在"3D凸出和斜角选项"对话框中,用户可以通过设置位置、透视、凸出厚度、端点、斜角/高度等选项来创建具有凸出和斜角效果的逼真立体图形。

在场景中绘制一个图形后将其填充颜色与背景色区分开,在菜单栏中选择"效果"→"3D(3)"→"凸出和斜角选项"命令,打开"3D凸出和斜角选项"对话框,单击对话框中的"更多选项"按钮,可以查看完整的选项列表,如图9-45所示。

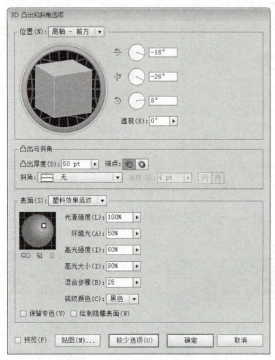

图9-45 "3D凸出和斜角选项"对话框

1)"位置":设置对象如何旋转以及观看对象的透视角度。将指针放置在"位置"选项的预览视图位置,按住鼠标左键不放进行拖拽,可使图案进行360°的旋转。

2)"凸出与斜角":确定对象的深度以及向对象添加或从对象剪切的任何斜角的延伸。

3)"表面":创建各种形式的表面,从黯淡、不加底纹的不光滑表面到平滑、光亮、看起来类似塑料的表面。

4)"光照":添加一个或多个光源,调整光源强度,改变对象的底纹颜色,围绕对象移动光源以实现生动的效果。

2. 投影

1)"模式":在该选项的下拉列表中可以选择投影的混合模式。

2)"不透明度":用来指定所需的投影不透明度。当该值为0%时,投影完全透明,为100%时,投影完全不透明。

3）"X位移"/"Y位移"：用来指定投影偏离对象的距离。

4）"模糊"：用来指定投影的模糊范围。Illustrator会创建一个透明栅格对象来模拟模糊效果。

5）"颜色"：用来指定投影的颜色，默认为黑色。如果要修改颜色，则可以单击选项右侧的颜色框，在打开的"拾色器"对话框中进行设置。

6）"暗度"：用来设置应用投影效果后阴影的深度，选择该选项后，将以对象自身的颜色与黑色混合。

9.4.4 自主练习——果盘

本实例通过果盘的设计制作，使用户掌握使用"钢笔工具"绘制图形、"3D绕转"命令、"置于底层"命令、"建立剪切蒙版"命令等的使用，效果如图9-46所示。

图9-46 果盘效果图

1）新建一个空白文件，使用"钢笔工具"在页面中绘制果盘的截面图形，通过"转换点工具"和"直接选择工具"可对相应的节点进行修改。

2）通过"颜色"面板设置对象的"填充颜色"为"无色"，"轮廓线"颜色为"黄色"，选择"效果"→"3D"→"绕转"命令，在打开的"3D绕转选项"对话框中进行设置。

3）选择"椭圆工具"绘制一个椭圆图形。然后通过范围框旋转到合适的角度，最后通过"颜色"面板设置对象的"填充颜色"为"红色"，"轮廓线"颜色为"无色"。

4）选择"效果"→"3D"→"绕转"命令，在打开的"3D绕转选项"对话框中进行参数设置。选择"效果"→"风格化"→"投影"命令，在打开的"投影"对话框中将"模式"设置为"正片叠底"，"不透明度"设置为"75%"，"X位移"设置为

"2.47mm"，"Y位移"设置为"2.47mm"，"模糊"设置为"1.76mm"，设置完成后单击"确定"按钮。

5）重复上面的操作，分别绘制其他苹果。选择"椭圆工具"，在页面中合适的位置按下鼠标左键并拖拽鼠标到合适位置处，松开鼠标左键即可绘制一个椭圆图形。

6）使用"选择工具"，选择椭圆图形，然后将其移动至合适的位置处。

7）使用"选择工具"，拖拽鼠标选择对象，选择"对象"→"剪切蒙版"→"建立"命令或者按<Ctrl+7>组合键创建蒙版命令。

8）使用"选择工具"，单击并选择剪切后的苹果图形，然后将其移动至合适的位置处。

9）选择"矩形工具"，在页面中绘制一个矩形，然后在"颜色"面板中设置对象的"填充颜色"为"绿色"，"轮廓线"颜色为"无色"。然后选择"对象"→"排列"→"置于底层"命令。

第10章　画册设计

【本章导读】

重点知识
◆ 旅游攻略画册内页
◆ 商务公司画册内页

画册是图文并茂的一种理想表达，相对于单一的文字或是图册，画册都有着无与伦比的绝对优势。因为画册够醒目，能让人一目了然，因为其有相对精简的文字说明。本章将通过两个案例来介绍如何设计画册。

10.1 旅游攻略画册内页

本例将介绍如何制作旅游攻略画册内页，首先使用"矩形工具"绘制出画册内页的结构，然后利用"剪切蒙版"命令，将图片置于矩形框内，最后使用"文字工具"在画册上输入文字，完成后的效果如图10-1所示。

图10-1 旅游攻略画册内页效果图

10.1.1 知识要点

- 学习制作旅游攻略画册内页。
- 掌握"矩形工具""圆角矩形工具""文字工具"的使用，以及"剪切蒙版"命令的应用。

10.1.2 实现步骤

1）启动软件后，按<Ctrl+N>组合键，在弹出的对话框中将"名称"设置为"三亚旅游攻略画册内页",将"宽度""高度"分别设置为"420mm""285mm",将"单位"设置为"毫米",将"颜色模式"设置为CMYK,如图10-2所示。

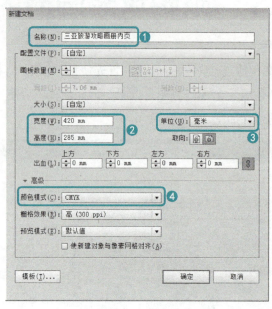

图10-2 新建文件并设置文件参数

2)单击"确定"按钮即可新建空白文档,在工具箱中选择"矩形工具",在画板中绘制矩形,在"属性栏"中单击"变换"按钮,在弹出的下拉列表中将"宽""高"分别设置为"420mm""5mm",单击"按住<Shift>键调出替代色彩用户界面"右侧的按钮,在打开的选项板中选择 "无"选项,如图10-3所示。

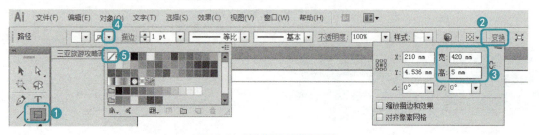

图10-3 绘制矩形并进行调整

3)选择绘制的矩形,双击"填色",弹出"拾色器"对话框,在该对话框中将CMYK设置为"85、57、2、0",将"描边"设置为"5pt",单击"确定"按钮,如图10-4所示。

4)继续使用"矩形工具",在绘图区中绘制矩形,将"宽度""高度"分别设置为"140mm""20mm",将填充颜色CMYK设置为"85、57、2、0",然后调整其位置,如图10-5所示。

5)在工具箱中选择"直接选择工具",使用该工具调整矩形的右下顶点,将该顶点向内水平移动,完成后的效果如图10-6所示。

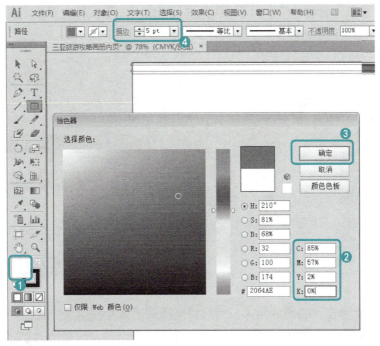

图10-4 "拾色器"对话框

6)对刚才绘制的矩形进行复制,然后在"属性栏"中单击"变换"按钮,在弹出的下拉面板中单击▦,在弹出的下拉菜单中选择"水平翻转"命令,然后调整复制矩形的位置,完成后的效果如图10-7所示。

图10-5　绘制矩形　　　　　　　　图10-6　调整完成后的效果

7)继续使用"矩形工具",在画板中绘制四个矩形,将"宽度""高度"分别设置为"20mm""60mm",将填充颜色CMYK分别设置为"85、57、2、0""6、45、90、0""85、57、2、0""31、24、23、0",完成后的效果如图10-8所示。

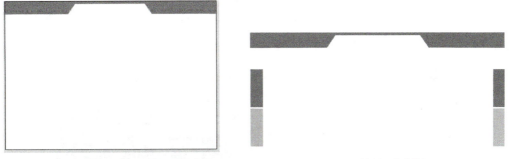

图10-7　复制矩形并进行"水平翻转"　　　　图10-8　绘制四个装饰矩形

8)使用"矩形工具"绘制"宽度""高度"分别为"185mm""123mm"的矩形,填充颜色为任意颜色,在菜单栏中选择"文件"→"置入"命令,弹出"置入"对话框,在该对话框中选择"素材"→"Cha10"→"三亚01.jpg"文件，单击"置入"按钮，如图10-9所示。

图10-9 "置入"按钮

9）在画板上单击，将图片置入，然后调整图片的大小和位置，在图片上单击鼠标右键，在弹出的快捷菜单中选择"排列"→"后移一层"命令，如图10-10所示。

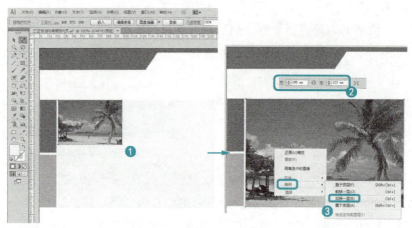

图10-10 选择"后移一层"命令

10）选择绘制的矩形和置入的图片，按<Ctrl+7>组合键对选择的对象建立剪切蒙版，完成后的效果如图10-11所示。

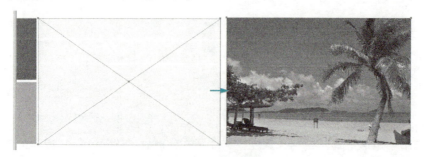

图10-11 建立剪切蒙版

11）绘制3个"宽度""高度"均为"40mm"的矩形，使用同样的方法置入图片，选择置入的图片和矩形建立剪切蒙版，完成后的效果如图10-12所示。

图10-12　创建矩形并建立剪切蒙版

12）使用"矩形工具"在画板的底部绘制矩形，将"宽度""高度"分别设置为"420mm""75mm"，选择绘制的矩形，打开"渐变"面板，将"类型"设置为"线性"，在位置为50%处添加渐变滑块，然后将左侧的渐变滑块CMYK的值设置为"87、57、2、0"，将右侧的渐变滑块CMYK的值设置为"87、57、2、0"，将50%位置处渐变滑块CMYK的值设置为"87、27、0、0"，在"渐变"面板中的效果如图10-13所示。

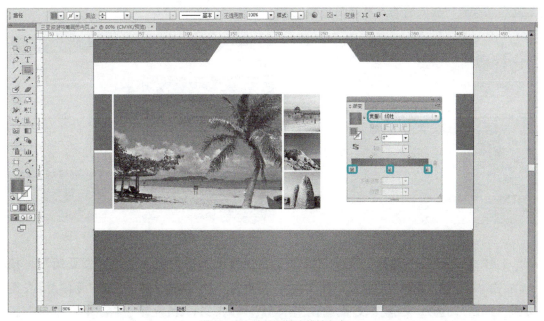

图10-13　为矩形填充线性渐变

13）在工具箱中选择"圆角矩形"工具，在画板中单击，弹出"圆角矩形"对话框，在该对话框中将"宽度""高度"分别设置为"50mm""35mm"，将"圆角半径"设置为"5mm"，如图10-14所示。

14）单击"确定"按钮即可新建圆角矩形，使用前面介绍的方法置入图片，并选择绘制的圆角矩形和置入的图片，按<Ctrl+7>组合键建立剪切蒙版，完成后的效果如图10-15所示。

图10-14　"圆角矩形"对话框　　　　　　图10-15　创建剪贴蒙版

15）选择刚才建立的剪贴蒙版，将"描边颜色"设置为"白色"，打开"描边"面板，将"粗细"设置为"2pt"，完成后的效果如图10-16所示。

16）使用同样的方法绘制圆角矩形和置入图片，并将置入的图片和绘制的圆角矩形建立剪切蒙版，完成后的效果如图10-17所示。

 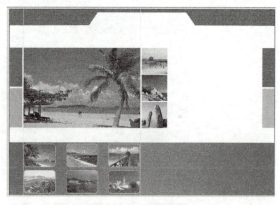

图10-16　设置描边　　　　　　　　　　　图10-17　设置描边

17）在工具箱中选择"文字工具"，在画板上单击，输入文字"三亚篇"，按<Ctrl+T>组合键，在弹出的面板中将"字体"设置为"方正黑体简体"，将"字体大小"设置为"48pt"，选择"三亚"文字，将"字体颜色"的CMYK值设置为"6、45、90、0"，将其他的文字"字体颜色"的CMYK值设置为"87、57、2、0",完成后的效果如图10-18所示。

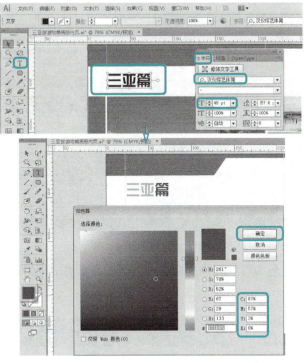

图10-18　输入文字

18）使用"文字工具"在画板上绘制文本框,在文本框中输入文字,将"字体"设置为"汉仪综艺体简",将"字体大小"设置为"16pt",将"字体颜色"的CMYK值设置为"黑色",完成后的效果如图10-19所示。

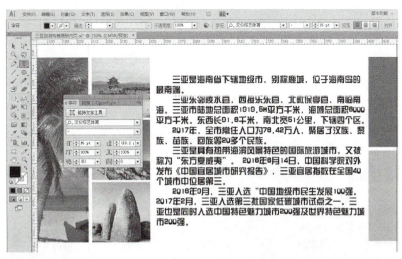

图10-19　输入文字并进行设置

19）使用同样的方法输入其他文字并进行设置,完成后的效果如图10-20所示。

图10-20 输入其他文字

20）至此，旅游画册内页就制作完成了，场景保存后将效果导出即可。

10.2 商务公司画册内页

本例将介绍如何制作商务公司画册内页，利用"矩形工具""椭圆形工具"和"直线段工具"将画板进行布局，然后使用"路径查找器"面板中的"减去顶部"命令来制作出新的图形，使用"文字工具"输入文字，完成后的效果如图10-21所示。

图10-21 商务公司画册内页

10.2.1 知识要点

● 学习制作商务公司画册内页。
● 掌握"矩形工具""圆角矩形工具""文字工具"的使用,以及"剪切蒙版"命令的应用。

10.2.2 实现步骤

1)按<Ctrl+N>组合键在弹出的对话框中将"名称"设置为"商务公司画册内页",将"宽度""高度"分别设置为"420mm""285mm",将"单位"设置为"毫米",将"颜色模式"设置为CMYK,如图10-22所示。

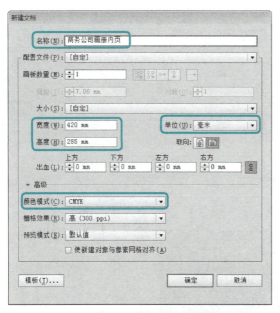

图10-22 "新建文档"对话框

2)在工具箱中选择"矩形工具",在画板上绘制矩形,在属性栏中单击"变换"按钮,在弹出的下拉菜单中将"宽度""高度"分别设置为"9mm""9mm",然后在工具箱中双击"填色",弹出"拾色器"对话框,在该对话框中将CMYK值设置为"51、0、98、0",如图10-23所示。

3)将"描边"设置为无,对该矩形进行复制,调整复制矩形的位置,然后使用"矩形工具"绘制两个矩形,将其"宽度""高度"分别设置为"20mm"和"4mm"、"4mm"和"20mm",完成后的效果如图10-24所示。

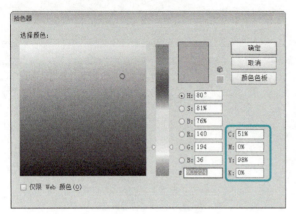

图10-23 设置颜色

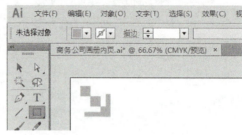

图10-24 绘制其他矩形

4)在工具箱中选择"直线段工具",在画板中按住<Shift>键绘制线段,在属性栏中将"描边粗细"设置为"2pt",将"描边颜色"的CMYK值设置为"61、0、100、0",单击"变换"按钮,在弹出的下拉面板中将"宽"设置为"342mm",设置完成后的效果如图10-25所示。

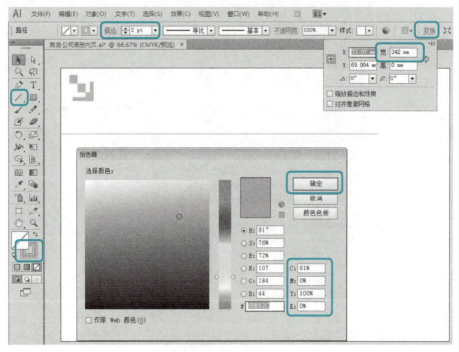

图10-25 绘制并设置线段

5)选择刚才绘制的直线段,按住<Alt>键同时单击进行拖动,对绘制的直线段进行复制,调整其位置。然后使用"直线段工具"绘制垂直的线段,将"高"设置为"122mm",完成后的效果如图10-26所示。

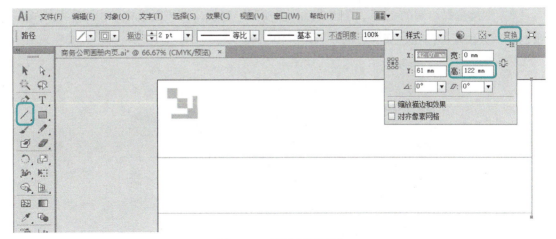

图10-26 绘制剩余的线段

6）选择"椭圆形工具"，按住<Shift>键在画板上绘制正圆，在属性栏中单击"变换"按钮，在弹出的面板中将"宽度""高度"均设置为"95mm"，然后继续使用"椭圆形工具"，绘制正圆，将"宽度""高度"均设置为"70mm"，将圆形的"填充颜色"CMYK值设置为"51、0、98、0"，完成后的效果如图10-27所示。

图10-27 绘制正圆

7）选择绘制的两个正圆，在属性栏中单击"对齐"按钮，在弹出的下拉面板中单击"对齐"下的按钮，在弹出的下拉列表中选择"对齐所选对象"命令，单击"水平居中对齐"和"垂直居中对齐"按钮，调整对齐后对象的位置，效果如图10-28所示。

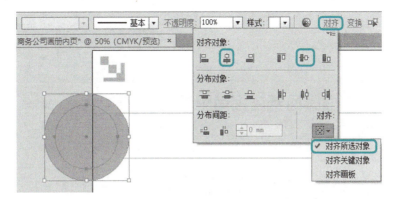

图10-28 对齐对象

8）继续选择绘制的正圆，打开"路径查找器"面板，在该面板中单击"形状模式"下的"减去顶层"按钮，完成后的效果如图10-29所示。

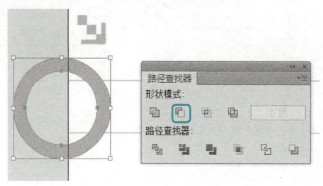

图10-29 减去顶层后的效果

9）在工具箱中选择"矩形工具"，在画板上绘制矩形，将"宽度""高度"分别设置为"65mm""100mm"，调整矩形的位置，然后选择刚才创建的矩形和创建的圆环对象，在"路径查找器"面板中单击"减去顶层"按钮，完成后的效果如图10-30所示。

10）选择对象，打开"透明度"面板，在该面板中将"不透明度"设置为"65%"，完成后的效果如图10-31所示。

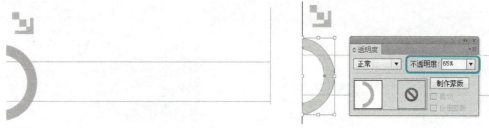

图10-30 减去顶层后的效果　　　　　　图10-31 设置不透明度

11）在工具箱中选择"文字工具"，在画板上单击，输入文字"凯隆商务咨询有限公司"，选择输入的文字，按<Ctrl+T>组合键，在弹出的"字符"面板中将"字体"设置为"汉仪综艺体简"，将"字体大小"设置为"46pt"，如图10-32所示。

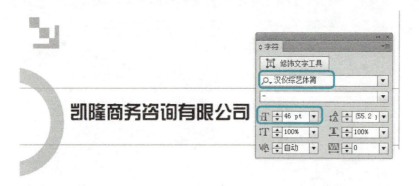

图10-32 输入文字

12）选择刚才创建的文字，单击鼠标右键，在弹出的快捷菜单中选择"创建轮廓"命令，确定创建轮廓后的文字处于选择状态，在菜单栏中选择"对象"→"复合路径"→"建立"命令，建立"复合路径"，如图10-33所示。

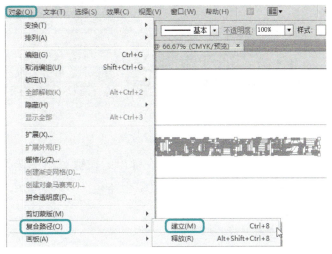

图10-33 建立"复合路径"

> **知识链接**
>
> ▶ 复合路径包含两个或多个已上色的开放或闭合路径，在路径重叠处将呈现孔洞。将对象定义为复合路径后，复合路径中的所有对象都将采用堆栈顺序中最后方对象的上色和样式属性。

13）确定创建复合路径的文字处于选择状态，打开"渐变"面板，将"类型"设置为"线性"，在该面板中将右侧的渐变滑块CMYK值设置为"73、0、100、0"，将左侧的渐变滑块CMYK值设置为"65、0、83、0"，完成后的效果如图10-34所示。

图10-34 创建渐变

14）继续选择"文字工具"，在画板上输入文字"KAILONG Business Consulting Co.,Ltd"，将"字体"设置为"华文中宋"，将"字体大小"设置为"22pt"，如图10-35所示。

图10-35　输入英文

15）选择输入的英文，单击鼠标右键，在弹出的快捷菜单中选择"创建轮廓"命令，然后按<Ctrl+8>组合键，为英文字母建立复合路径，然后为其填充与汉字相同的渐变颜色，完成后的效果如图10-36所示。

图10-36　为英文字填充渐变颜色

16）继续使用"文字工具"，在画板上单击输入文字"企业文化"，将"字体"设置为"黑体"，将"字体大小"设置为"18pt"。然后使用"文字工具"在绘图区中绘制文本框，在文本框内输入文字。选择输入的文字，将"字体"设置为"方正报宋简体"，将"字体大小"设置为"14pt"，完成后的效果如图10-37所示。

图10-37　输入文字

17）在工具箱中选择"矩形工具"，在画板上绘制矩形，将"宽度""高度"分别设置为"210mm""160mm"，填充任意一种颜色，完成后的效果如图10-38所示。

18）在菜单栏中选择"文件"→"置入"命令，弹出"置入"对话框，在该对话框中选择"素材"→"Cha10"→"S1.jpg"文件，单击"置入"按钮，如图10-39所示。

图10-38　绘制矩形

图10-39　"置入"对话框

19）在画板上单击，置入图片，调整图片的大小和位置，按<Ctrl+[>组合键，将图片向后移一层，然后选择绘制的矩形和置入的图片，按<Ctrl+7>组合键建立剪切蒙版，完成后的效果如图10-40所示。

20）选择建立剪切蒙版的对象，按<Shift+Ctrl+[>组合键将对象置于底层，完成后的效果如图10-41所示。

图10-40　建立剪切蒙版　　　　　　　　图10-41　置于底层后的效果

21）对"企业文化"文字进行复制，更改其内容为"服务范围"，调整文字的位置，使用"文字工具"绘制文本框，在文本框内输入文字，将"字体"设置为"方正报宋简体"，将"字体大小"分别设置为"16pt""14pt"，将"行间距"设置为"25pt"，完成后的效果如图10-42所示。

图10-42 输入文本

22)使用"椭圆形工具"按住<Shift>键绘制正圆,将"宽""高"分别设置为"110mm",再绘制同心圆,将"宽度""高度"分别设置为"85mm",将"填充颜色"的CMYK值设置为"51、0、98、0",完成后的效果如图10-43所示。

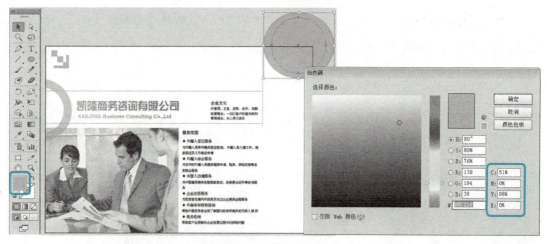

图10-43 绘制同心圆

23)打开"路径查找器"面板,在该面板中单击"减去顶部"按钮。使用"钢笔工具"在创建的图形上绘制不规则的多边形,再次在"路径查找器"面板中单击"减去顶部"按钮,完成后的效果如图10-44所示。

24)使用"椭圆形工具"绘制正圆,将"宽度""高度"分别设置为"70mm",打开"渐变"面板,在该面板中将"类型"设置为"线性",将左侧的滑块CMYK值设置为"8、86、97、0",将右侧的滑块CMYK值设置为"51、100、100、35",完成后的效果如图10-45所示。

图10-44　减去顶部后的效果　　　　图10-45　创建圆形并填充渐变颜色

25）再使用"椭圆形工具"绘制同心圆，将"宽度""高度"分别设置为"55mm"，在菜单栏中选择"文件"→"置入"命令，弹出"置入"对话框，在该对话框中选择"S2.jpg"素材文件，单击"置入"按钮，调整图片的大小和位置。选择置入的图片，按<Ctrl+[>组合键，将图片后移一层，然后选择绘制的小圆和置入的图片，按<Ctrl+7>组合键，建立剪切蒙版，完成后的效果如图10-46所示。

26）选择建立的剪切蒙版，打开"描边"面板，在该面板中将"描边粗细"设置为"8pt"，将"描边颜色"设置为"白色"，完成后的效果如图10-47所示。

图10-46　建立剪切蒙版　　　　图10-47　设置描边

27）使用前面介绍的方法制作其他对象，完成后的效果如图10-48所示。至此画册内页就制作完成了。

图10-48　最终效果图

> **知识链接**
>
> ▶ 要在被蒙版的图稿中添加或删除对象，可在"图层"面板中将对象拖入或拖出包含剪切路径的组或图层。要从剪切蒙版中释放对象，可以执行下列操作之一：选择包含剪切蒙版的组，选择"对象"→"剪切蒙版"→"释放"命令；单击位于"图层"面板底部的"建立/释放剪切蒙版"按钮或单击"图层"面板右上方的按钮，在弹出的下拉列表中选择"释放剪切蒙版"命令。

28）选择"文件"→"导出"命令，在弹出的"导出"对话框中将"保存类型"设置为TIFF格式，"文件名"设置为"商务公司画册内页.tif"，单击"导出"按钮，将当前场景导出为tif格式的图像，如图10-49所示。

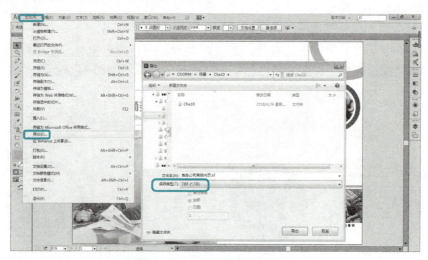

图10-49　导出场景为tif图像格式

> **知识链接**
>
> ▶ 图像格式
>
> 要确定理想的图像格式，必须首先考虑图像的使用方式，例如，用于网页的图像一般使用JPEG和GIF格式，用于印刷的图像一般要保存为TIFF格式。其次要考虑图像的类型，最好将具有大面积平淡颜色的图像存储为GIF或PNG-8图像，而将那些具有颜色渐变或其他连续色调的图像存储为JPEG或PNG-24文件。
>
> 在没有正式进入主题之前，首先讲一下有关计算机图形图像格式的相关知识，因为它在某种程度上将决定了所设计创作的作品输出质量的优劣。另外，在制作影视广告片头时，会用到大量的图像以用于素材、材质贴图或背景。当一个作品完成后，输出的文件格式也将决定所制作作品的播放品质。
>
> 在日常工作和学习中，需要收集和发现并积累各种文件格式的素材。需要注意的一点是，所收集的图片或图像文件各种格式的都有，这就涉及图像格式转换的问题，而如果已经了解了图像格式的转换，则在制作中就不会受到限制，并且还可以轻松地将所收集的和所需的图像文件转为己用。

在作品的输出过程中，同样也可以从容地将它们存储为所需要的文件格式，而不必再因为播放质量或输出品质的问题而困扰。

下面就将对日常中所涉及的图像格式进行简单介绍。

1. PSD 格式

PSD 是 Photoshop 软件专用的文件格式，它是 Adobe 公司优化格式后的文件，能够保存图像数据的每一个细小部分，包括图层、蒙版、通道以及其他少数内容，但这些内容在转存成其他格式时将会丢失。另外，因为这种格式是 Photoshop 支持的自身格式文件，所以 Photoshop 能比其他格式更快地打开和存储这种格式的文件。

该格式唯一的缺点是：使用这种格式存储的图像文件特别大，尽管 Photoshop 在计算的过程中已经应用了压缩技术，但是因为这种格式不会造成任何数据流失，所以在编辑的过程中最好还是选择这种格式存盘，直到最后编辑完成后再转换成其他占用磁盘空间较小、存储质量较好的文件格式。在存储成其他格式的文件时，有时会合并图像中的各图层以及附加的蒙版通道，这会给再次编辑带来不少麻烦，因此，最好在存储一个 PSD 的文件备份后再进行转换。

PSD 格式是 Photoshop 软件的专用格式，它支持所有的可用图像模式（位图、灰度、双色调、索引色、RGB、CMYK、Lab 和多通道等）、参考线、Alpha 通道、专色通道和图层（包括调整图层、文字图层和图层效果等）等格式，它可以保存图像的图层和通道等信息，但使用这种格式存储的文件较大。

2. TIFF 格式

TIFF 格式直译为"标签图像文件格式"，由 Aldus 为 Macintosh 机开发的文件格式。

TIFF 用于在应用程序之间和计算机平台之间交换文件，被称为标签图像格式，是 Macintosh 和 PC 上使用最广泛的文件格式。它采用无损压缩方式，与图像像素无关。TIFF 常被用于彩色图片扫描，它以 RGB 的全彩色格式存储。

TIFF 格式支持带 Alpha 通道的 CMYK、RGB 和灰度文件，支持不带 Alpha 通道的 Lab、索引色和位图文件，也支持 LZW 压缩。

存储 Adobe Photoshop 图像为 TIFF 格式，可以选择存储文件为 IBM-PC 兼容计算机可读的格式或 Macintosh 可读的格式。要自动压缩文件，可单击"LZM 压缩"注记框。对 TIFF 文件进行压缩可减少文件大小，但会增加打开和存储文件的时间。

TIFF 是一种灵活的位图图像格式，实际上被所有的绘画、图像编辑和页面排版应用程序所支持，而且几乎所有的桌面扫描仪都可以生成 TIFF 图像。TIFF 格式支持 Alpha 通道的 CMYK、RGB 和灰度文件，支持不带 Alpha 通道的 Lab、索引色和位图文件。Photoshop 可以在 TIFF 文件中存储图层，但是如果在另一个应用程序中打开该文件，则只有拼合图像是可见的。Photoshop 也能够以 TIFF 格式存储注释、透明度和分辨率金字塔数据，TIFF 文件格式在实际工作中主要用于印刷。

3. JPEG 格式

JPEG 是 Macintosh 机上常用的存储类型，但是，无论是从 Photoshop、Painter、FreeHand、Illustrator 等平面软件还是在 3ds 或 3ds Max 中都能够开启此类格式的文件。

JPEG 格式是所有压缩格式中最卓越的。在压缩前，可以从对话框中选择所需图像的最终质量，这样，就有效地控制了 JPEG 在压缩时的损失数据量。并且可以在保持图像质量不变的前提下产生惊人的压缩比率，在没有明显质量损失的情况下，它的体积能降到原 BMP 图片的 1/10。这样，可不必再为图像文件的质量以及硬盘的大小而头疼苦恼了。

另外，用 JPEG 格式可以将当前所渲染的图像输入到 Macintosh 机上做进一步处理，或将 Macintosh 制作的文件以 JPEG 格式再现于 PC 上。总之，JPEG 是一种极具价值的文件格式。

4. GIF 格式

GIF 是一种压缩的 8 位图像文件。正因为它是经过压缩的,而且又是 8 位的,所以这种格式的文件大多用在网络传输上,速度要比传输其他格式的图像文件快得多。

此格式的文件最大缺点是最多只能处理 256 种色彩。它绝不能用于存储真彩色的图像文件。也正因为其体积小而曾经一度被应用在计算机教学、娱乐等软件中,也是人们较为喜爱的 8 位图像格式。

5. BMP 格式

BMP 全称为 Windows Bitmap。它是微软公司 Paint 的自身格式,可以被多种 Windows 和 OS/2 应用程序所支持。Photoshop 中,最多可以使用 16 M 的色彩渲染 BMP 图像。因此,BMP 格式的图像可以具有极其丰富的色彩。

6. EPS 格式

EPS(Encapsulated PostScript)格式是专门为存储矢量图形而设计的,用于 PostScript 输出设备上打印。

Adobe 公司的 Illustrator 是绘图领域中一个极为优秀的程序。它既可用来创建流动曲线、简单图形,也可以用来创建专业级的精美图像。它的作品一般存储为 EPS 格式。通常它也是 CorelDRAW 等软件支持的一种格式。

7. PDF 格式

PDF 格式被用于 Adobe Acrobat 中,Adobe Acrobat 是 Adobe 公司用于 Windows、MacOS、UNIX 和 DOS 操作系统中的一种电子出版软件。使用在应用程序 CD-ROM 上的 Acrobat Reader 软件可以查看 PDF 文件。与 PostScript 页面一样,PDF 文件可以包含矢量图形和位图图形,还可以包含电子文档的查找和导航功能,例如,电子链接等。

PDF 格式支持 RGB、索引色、CMYK、灰度、位图和 Lab 等颜色模式,但不支持 Alpha 通道。PDF 格式支持 JPEG 和 ZIP 压缩,但位图模式文件除外。位图模式文件在存储为 PDF 格式时采用 CCITT Group 4 压缩。在 Photoshop 中打开其他应用程序创建的 PDF 文件时,Photoshop 会对文件进行栅格化。

8. PCX 格式

PCX 格式普遍用于 IBM 兼容计算机上。大多数 PC 软件支持 PCX 格式版本 5,版本 3 文件采用标准 VGA 调色板,该版本不支持自定义调色板。

PCX 格式可以支持 DOS 和 Windows 下绘图的图像格式。PCX 格式支持 RGB、索引色、灰度和位图颜色模式,不支持 Alpha 通道。PCX 支持 RLE 压缩方式,支持位深度为 1、4、8 或 24 的图像。

9. PNG 格式

现在有越来越多的程序设计人员建立以 PNG 格式替代 GIF 格式的倾向。像 GIF 一样,PNG 也使用无损压缩方式来减小文件的尺寸。越来越多的软件开始支持这一格式,有可能不久的将来它将会在整个 Web 上流行。

PNG 图像可以是灰阶的(位深可达 16bit)或彩色的(位深可达 48bit),为缩小文件尺寸,它还可以是 8bit 的索引色。PNG 使用的新的高速的交替显示方案可以迅速地显示,只要下载 1/64 的图像信息就可以显示出低分辨率的预览图像。与 GIF 不同,PNG 格式不支持动画。

PNG 用于存储的 Alpha 通道定义文件中的透明区域,以确保将文件存储为 PNG 格式之前,删除那些除了想要的 Alpha 通道以外的所有 Alpha 通道。

第11章　DM单设计

【本章导读】

重点知识
◇ 婚纱摄影DM单
◇ 江都世纪酒店DM单

DM单是指直接邮寄广告或直投杂志广告。DM形式有广义和狭义之分，广义上包括广告单页，例如，大家熟悉的街头巷尾、商场超市散布的传单，优惠券亦能包括其中；狭义的仅指装订成册的广告宣传画册。本章将通过两个DM单案例来熟悉制作技巧和设计思路。

11.1 婚纱摄影DM单

本例将介绍如何制作婚纱摄影DM单，利用"矩形工具""置入"命令和"剪切蒙版"命令将置入的图片嵌入场景中，然后利用"文字工具"在画板中输入文字，完成后的效果如图11-1所示。

图11-1　红玫瑰婚纱摄影

11.1.1 知识要点

- 学习制作婚纱摄影DM单。
- 掌握"矩形工具""文字工具""直线段工具"的使用，以及"剪切蒙版"命令的应用。

11.1.2 实现步骤

1）启动软件后按<Ctrl+N>组合键或选择"文件"→"新建"命令，在弹出的"新建文档"对话框中将"名称"设置为"红玫瑰婚纱摄影",将"宽度""高度"分别设置为"430mm""285mm",将"单位"设置为"毫米",将"颜色模式"设置为CMYK,单击"确定"按钮,如图11-2所示。

2)在工具箱中选择"矩形工具",在画板上单击或是绘制矩形后在属性栏中单击"变换"按钮,在弹出的面板中将"宽度""高度"分别设置为"210mm""285mm",如图11-3所示。

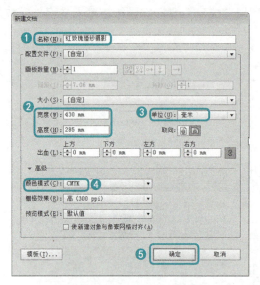

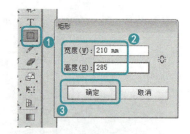

图11-2　"新建文档"对话框　　　　　　　　图11-3　绘制矩形并进行设置

3)选择"文件"→"置入"命令,弹出"置入"对话框,在该对话框中选择"素材"→"Cha09"→"H1.jpg"文件,单击"置入"按钮,然后在画板上单击即可置入图片,如图11-4所示。

4)在属性栏中单击"嵌入"按钮,将图片嵌入场景,调整图片的大小和位置,使图片覆盖矩形。选择图片,按<Ctrl+[>组合键将图片后移一层。选择绘制的矩形和置入的图片,按<Ctrl+7>组合键建立剪切蒙版,完成后的效果如图11-5所示。

图11-4　"置入"对话框　　　　　　　　图11-5　建立剪切蒙版后的效果

知识链接

▶ 复合路径包含两个或多个已上色的开放或闭合路径，在路径重叠处将呈现孔洞。将对象定义为复合路径后，复合路径中的所有对象都将采用堆栈顺序中最后方对象的上色和样式属性。

5）按<Shift+F7>组合键，打开"对齐"面板，单击右上角的按钮，在弹出的下拉菜单中选择"显示选项"，对齐设置为"对齐画板"。选择剪切蒙版对象，然后单击"水平左对齐"按钮和"垂直居中对齐"按钮，如图11-6所示。

6）选择对象，按<Ctrl+C>进行复制，按<Ctrl+F>组合键贴在前面，选择"矩形工具"，在画板上绘制矩形，将"宽度""高度"分别设置为"210mm""80mm"。在"对齐"面板中单击"水平左对齐"按钮和"垂直底对齐"按钮，完成后的效果如图11-7所示。

7）选择刚才复制的对象和绘制的矩形，按<Ctrl+7>组合键，建立剪切蒙版。确定刚才创建的剪贴蒙版处于选择状态，然后按<Shift+F6>组合键打开"外观"面板，在该面板中单击"添加新效果"按钮，在弹出的下拉菜单中选择"风格化"→"羽化"命令，弹出"羽化"对话框，在该对话框中将"半径"设置为"8mm"，如图11-8所示。

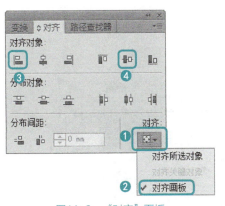
图11-6　"对齐"面板

图11-7　绘制矩形并进行调整

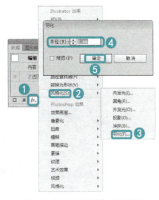
图11-8　"羽化"对话框

8）再次单击"添加新效果"按钮，在弹出的下拉菜单中选择"模糊"→"高斯模糊"命令，弹出"高斯模糊"对话框，在该对话框中将"半径"设置为"5"像素，如图11-9所示。

9）选择创建的所有对象，按<Ctrl+2>组合键将对象进行锁定。选择"矩形工具"绘制矩形，将"宽度""高度"分别设置为"210mm""285mm"，然后在"对齐"面板中单击"垂直居中对齐"按钮和"水平右对齐"按钮，如图11-10所示。

10）选择刚才绘制的矩形，将"填充颜色"设置为无，将"描边颜色"设置为黑色，在工具箱中选择"文字工具"，在画板上单击，输入文字"红玫瑰婚纱摄影携幸福基金大礼，来祝福最幸福的你"，选择输入的文字，按<Ctrl+T>组合键，打开"字符"

面板，在该面板中将"字体"设置为"微软雅黑"，将"字体大小"设置为"14pt"，将"字符间距"设置为"0"，将"字体颜色"的CMYK值设置为"10、94、26、0"，调整其位置，效果如图11-11所示。

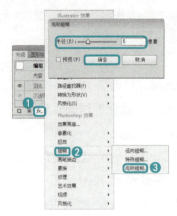

图11-9 "高斯模糊"对话框

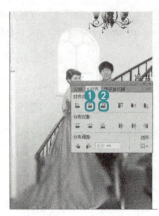

图11-10 "绘制矩形"

11）继续使用"文字工具"在画板上输入文字，选择输入的文字，将"字体"设置为"汉仪雪君体简"，将"字体大小"设置为"40pt"，将"字体颜色"的CMYK值设置为"10、94、26、0"，完成后的效果如图11-12所示。

图11-11 输入文字并进行设置

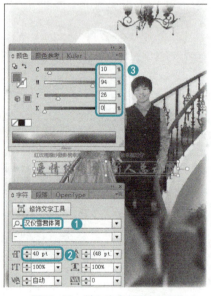

图11-12 输入文字并进行设置

12）在工具箱中选择"直线段工具"，在画板上绘制直线。在属性栏中将"描边粗细"设置为"3pt"，将"描边颜色"的CMYK值设置为"10、94、26、0"，完成后的效果如图11-13所示。

13）对刚才绘制的直线段进行复制，然后调整其位置。在两条直线段之间使用"文字工具"输入文字，将"字体"设置为"华文中宋"，将最顶部文字的"字体大小"

设置为"15pt"。将文本框内文字的"字体大小"设置为"10pt",将"行距"设置为"15pt"。将输入的文字的"字体颜色"的CMYK值设置为"10、94、26、0",完成后的效果如图11-14所示。

图11-13　绘制直线段　　　　　　　　图11-14　输入文字

14)使用"文字工具"输入文字,将"字体"设置为"微软雅黑",将"字体大小"设置为"13pt",将"字符间距"设置为"100",将"字体颜色"的CMYK值设置为"10、94、26、0",如图11-15所示。

图11-15　输入文字并进行设置

15)继续使用"文字工具"输入文字,将"字体"设置为"汉仪魏碑简",将"字体大小"设置为"45pt",将"字体颜色"的CMYK值设置为"100、100、100、100",效果如图11-16所示。

图11-16　输入文字

16）使用同样的方法输入剩余的文字并进行相应的设置，完成后的效果如图11-17所示。

图11-17　输入剩余的文字

17）在工具箱中选择"矩形工具"，在画板上绘制矩形，将"宽度""高度"分别设置为"181mm""21mm"，将"填充颜色"的CMYK值设置为"40、93、100、5"，将"描边颜色"设置为无，完成后的效果如图11-18所示。

图11-18　绘制矩形并进行设置

18）选择刚才绘制的矩形，按<Shift+F6>组合键，打开"外观"对话框，在该对话框中单击"添加新效果"按钮，在弹出的下拉菜单中选择"风格化"→"羽化"命令，弹出"羽化"对话框，在该对话框中将"半径"设置为"5mm"，如图11-19所示。

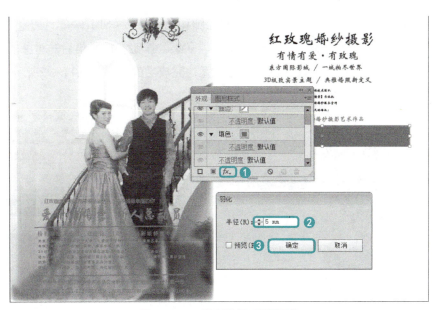

图11-19　对绘制的矩形设置羽化

19）单击"确定"按钮即可为绘制的矩形添加羽化。选择添加羽化的矩形，按<Ctrl+C>组合键进行复制，按<Ctrl+F>组合键将其贴在前面。选择复制的矩形，在"外观"面板中选择"羽化"效果，单击"删除所选"按钮，将复制的矩形向上进行移动，完成后矩形有下阴影立体效果，如图11-20所示。

图11-20　复制矩形并进行调整

20）使用"文字工具"在画板上输入文字，将"字体颜色"设置为"白色"，完成后的效果如图11-21所示。

21）在工具箱中选择"椭圆形工具"，在绘图区中绘制椭圆。然后使用"钢笔工具"在绘图区中绘制图形,选择刚才绘制的椭圆和图形,按<Shift+Ctrl+F9>组合键打开"路径查找器"对话框,在该对话框中单击"联集"按钮。将联集后的对象的"填充颜色"设置为"白色",将"描边颜色"设置为无,完成后的效果如图11-22所示。

图11-21 输入文本

图11-22 绘制图形并进行联集

22)使用"文字工具"在刚才绘制的图形上输入文字"NEW",将"字体"设置为"华文中宋",将"字体大小"设置为"14pt",将"字体颜色"的CMYK值设置为"10、94、26、0",完成后的效果如图11-23所示。

23)在工具箱中选择"矩形工具",绘制矩形,将"宽度""高度"分别设置为"57mm""37mm"。选择"文件"→"置入"命令,弹出"置入"对话框,在该对话框中选择"素材"→"Cha09"→"H2.jpg"文件,如图11-24所示。

图11-23 输入文字

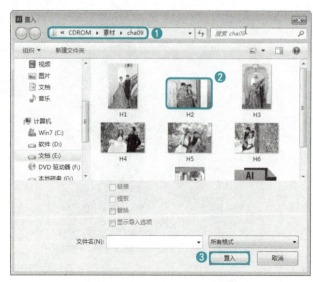

图11-24 "置入"对话框

24)单击"置入"按钮,在画板上单击将图片置入。调整图片的位置和大小,在属性栏中单击"嵌入"按钮,将图片嵌入场景中。按<Ctrl+[>组合键将图片后移一层,选择刚才绘制的矩形和图片,按<Ctrl+7>组合键建立剪切蒙版,完成后的效果如图11-25所示。

25)使用同样的方法绘制矩形和置入图片,并建立剪切蒙版,完成后的效果如图11-26所示。

图11-25　建立剪切蒙版

图11-26　完成后的效果

26)在工具箱中选择"矩形工具"绘制矩形,在属性栏中单击"变换"按钮,在弹出的面板中将"宽""高"分别置为"181mm""12mm",将"填充颜色"的CMYK值设置为"40、93、100、5"。将"描边颜色"的CMYK值设置为无,完成后的效果如图11-27所示。

27)在工具箱中选择"文字工具",输入文字,将"字体"设置为"微软雅黑",将"字体大小"设置为"17pt",将"字符间距"设置为"250",将"字体颜色"设置为"白色",完成后的效果如图11-28所示。

28)至此,婚纱摄影DM单就制作完成了,效果导出后将场景进行保存即可。

图11-27　绘制矩形

图11-28　输入文字

11.2 江都世纪酒店DM单

本例将介绍如何制作酒店DM单,利用"椭圆形工具""矩形工具""文本工具"等工具来制作DM单的内容,同时利用"创建复合路径""置入""剪贴蒙版"等命令对内容进行调整,完成后的效果如图11-29所示。

图11-29　江都世纪大酒店DM单效果图

11.2.1 知识要点

● 学习制作江都世纪大酒店DM单。
● 掌握"椭圆形工具""矩形工具""直线段工具"等工具的使用,以及"剪切蒙版""创建复合路径"命令的应用。

11.2.2 实现步骤

1)启动软件后,按<Ctrl+N>组合键,在弹出的对话框中将"名称"设置为"至尊大酒店",将"宽度""高度"分别设置为"210mm""285mm",将"单位"设置为"毫米",将"颜色模式"设置为CMYK。按<M>键激活"矩形工具",在画板上单击,弹出"矩形"对话框,在该对话框中将"宽度""高度"分别设置为"210mm""285mm",如图11-30所示。

2）单击"确定"按钮即可创建矩形。选择刚才创建的矩形,按<Shift+F7>组合键打开"对齐"面板,在该面板中将"对齐"设置为"对齐画板"。然后单击"水平居中对齐"按钮和"垂直居中对齐"按钮。将矩形的"填充颜色"的CMYK值设置为"7、8、30、0",完成后的效果如图11-31所示。

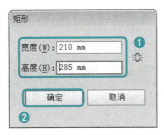

图11-30 "矩形"对话框

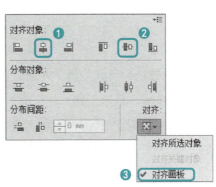

图11-31 "对齐"面板

3）选择刚才绘制的矩形,按<Ctrl+2>组合键将对象进行锁定。在工具箱中选择"椭圆形工具",按住<Shift>键绘制正圆。选择绘制的正圆,将"填充颜色"的CMYK值设置为无,将"描边颜色"的CMYK值设置为"16、14、45、0",将"描边粗细"设置为"10pt",完成后的效果如图11-32所示。

图11-32 绘制正圆并进行设置

4）选择绘制的正圆，按<Shift+Ctrl+F10>组合键打开"透明度"对话框，在该对话框中将"不透明度"设置为"30%"，完成后的效果如图11-33所示。

图11-33　设置不透明度

5）使用同样的方法绘制其他圆形并进行设置，完成后的效果如图11-34所示。

6）按<M>键激活"矩形工具"，在画板上绘制两个矩形，其"宽度""高度"分别设置为"210mm、30mm"、"80mm、10mm"，将绘制的矩形"填充颜色"的CMYK值设置为"62、73、96、38"，"描边"设置为无。将两个矩形上移，完成后的效果如图11-35所示。

图11-34　绘制圆形

图11-35　绘制矩形

7）按<L>键打开"椭圆形工具"，在场景中按<Shift>键绘制正圆，将"宽""高"分别设置为"19mm"。然后调整正圆的位置，完成后的效果如图11-36所示。

8）选择绘制的矩形和正圆，按<Ctrl+Shift+F9>组合键打开"路径查找器"对话框，在该对话框中单击"联集"按钮，如图11-37所示。

9）在工具箱中选择"椭圆形工具"，使用前面介绍的方法绘制正圆，选择绘制的正圆，单击鼠标右键，在弹出的快捷菜单中选择"建立复合路径"命令，完成后的效果如图11-38所示。

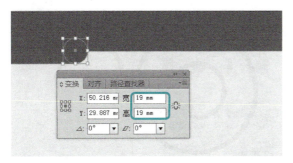

图11-36　绘制正圆

图11-37　单击"联集"按钮

> **知识链接**
>
> ▶ "形状模式"选项组中包括联集、减去顶层、交集、差集四种产生复合形状的方法。
> "联集"：跟踪所有对象的轮廓以创建复合形状，即将两个对象复合成为一个对象。
> "减去顶层"：前面的对象在背景对象上打孔，产生带孔的复合形状。
> "交集"：以对象重叠区域创建复合形状。
> "差集"：从对象不重叠的区域创建复合形状。

10）选择联集后的图形，按<Ctrl+C>组合键进行复制，按<Ctrl+F>组合键进行粘贴，将粘贴后的图形置于顶层。选择复制的对象和建立复合路径的圆形，按<Ctrl+7>组合键建立剪切蒙版，完成后的效果如图11-39所示。

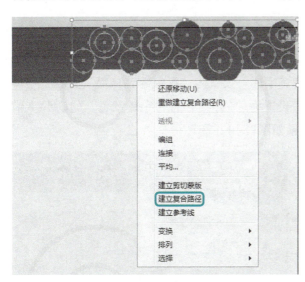

图11-38　绘制图形

图11-39　建立剪切蒙版

11）选择"文件"→"置入"命令，弹出"置入"对话框，在该对话框中选择"J1.png"素材文件，单击"置入"按钮，如图11-40所示。

图11-40 "置入"对话框

12）在画板上单击置入图片，调整图片的大小和位置，然后在属性栏中单击"嵌入"按钮，如图11-41所示。

图11-41 置入图片并进行调整

13）按<T>键激活"文字工具"，在画板上单击输入文字"至尊大酒店"，按<Ctrl+T>组合键打开"字符"面板，将"字体"设置为"汉仪综艺体简"，将"字体大小"设置为"23pt"，将"字符间距"设置为"-15"，将"字体颜色"的CMYK值设置为"12、20、89、0"，完成后的效果如图11-42所示。

图11-42 输入汉字并进行设置

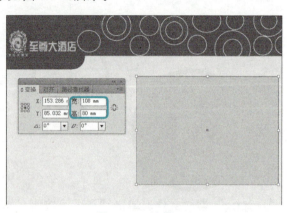

图11-43 绘制矩形

14）按<M>键激活"矩形工具"，在画板上绘制矩形，按<Shift+F8>键打开"变换"面板，在该面板中将"宽""高"分别设置为"108mm""80mm"，如图11-43所示。

15）选择"文件"→"置入"命令，弹出"置入"对话框，在该对话框中选择"素材"→"Cha09"→"J2.jpg"文件，单击"置入"按钮。调整图片的位置和大小，然后在属性栏中单击"嵌入"按钮，按<Ctrl+[>组合键调整图片的顺序，选择图片和绘制的矩形，按<Ctrl+7>组合键建立剪切蒙版，完成后的效果如图11-44所示。

图11-44　置入图片并建立剪切蒙版

16）按<T>键激活"文字工具"，在画板上单击输入文字"多功能餐厅"，将"字体"设置为"黑体"，将"字体大小"设置为"18pt"，将"字体颜色"设置为"黑色"，完成后的效果如图11-45所示。

17）继续使用"文字工具"，在画板上绘制文本框，在文本框内输入文字，将"字体"设置为"华文细黑"，将"字体大小"设置为"12pt"，将"行间距"设置为"21"，完成后的效果如图11-46所示。

图11-45　输入文字

图11-46　绘制文本框并输入文字

18）按<M>键激活"矩形工具",在画板上绘制矩形,将"宽度""高度"分别设置为"48mm"。选择"文件"→"置入"命令,弹出"置入"对话框,在该对话框中选择"J3.jpg"素材文件,单击"置入"按钮,调整图片的位置和大小,然后按<Ctrl+[>组合键将图片调整至矩形的下面。调整完成后按<Ctrl+7>组合键建立剪切蒙版,效果如图11-47所示。

图11-47　置入图片并建立剪切蒙版

19）按<T>键激活"文字工具",输入文字"避风塘炒蟹",将"字体"设置为"微软雅黑",将"字体大小"设置为"10pt",将"字符间距"设置为"180",将"字体颜色"设置为"黑色",完成后的效果如图11-48所示。

图11-48　输入文字并进行设置

20）使用同样的方法绘制矩形、置入图片并建立剪切蒙版，完成后的效果如图11-49所示。

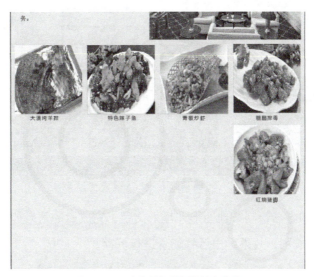

图11-49　建立剪切蒙版并输入文字

21）按<T>键激活文字工具，在画板上单击输入文字，将标题文字"字体"设置为"黑体"，将"字体大小"设置为"18pt"。将文本框内文字的"字体"设置为"华文细黑"，将"字体大小"设置为"12pt"，将"行间距"设置为"21pt"，完成后的效果如图11-50所示。

图11-50　输入文字

22）使用同样的方法置入剩余的图片，将图片的宽度和高度约束，将图片的"高度"设置为"35mm"，调整图片的位置，完成后的效果如图11-51所示。

图11-51 置入图片

23）使用同样的方法绘制其他图形并输入文字，完成后的效果如图11-52所示。至此酒店DM单就制作完成了，效果导出后将场景进行保存。

图11-52 设置其他对象